数学の

かんどころ 36

正則関数

新井仁之 著

共立出版

編集委員会

飯高　　茂　（学習院大学名誉教授）

中村　　滋　（東京海洋大学名誉教授）

岡部　恒治　（埼玉大学名誉教授）

桑田　孝泰　（東海大学）

本文イラスト

飯高　　順

「数学のかんどころ」
刊行にあたって

　数学は過去，現在，未来にわたって不変の真理を扱うものであるから，誰でも容易に理解できてよいはずだが，実際には数学の本を読んで細部まで理解することは至難の業である．線形代数の入門書として数学の基本を扱う場合でも著者の個性が色濃くでるし，読者はさまざまな学習経験をもち，学習目的もそれぞれ違うので，自分にあった数学書を見出すことは難しい．山は1つでも登山道はいろいろあるが，登山者にとって自分に適した道を見つけることは簡単でないのと同じである．失敗をくり返した結果，最適の道を見つけ登頂に成功すればよいが，無理した結果諦めることもあるであろう．

　数学の本は通読すら難しいことがあるが，そのかわり最後まで読み通し深く理解したときの感動は非常に深い．鋭い喜びで全身が包まれるような幸福感にひたれるであろう．

　本シリーズの著者はみな数学者として生き，また数学を教えてきた．その結果えられた数学理解の要点（極意と言ってもよい）を伝えるように努めて書いているので読者は数学のかんどころをつかむことができるであろう．

　本シリーズは，共立出版から昭和50年代に刊行された，数学ワンポイント双書の21世紀版を意図して企画された．ワンポイント双書の精神を継承し，ページ数を抑え，テーマをしぼり，手軽に読める本になるように留意した．分厚い専門のテキストを辛抱強く読み通すことも意味があるが，薄く，安価な本を気軽に手に取り通読して自分の心にふれる個所を見つけるような読み方も現代的で悪くない．それによって数学を学ぶコツが分かればこれは大きい収穫で一生の財産と言

えるであろう.

「これさえ摑めば数学は少しも怖くない，そう信じて進むといいですよ」と読者ひとりびとりを励ましたいと切に思う次第である.

編集委員会と著者一同を代表して

飯高　茂

序　文

　微分積分では，主に実変数の実数値関数について学んできた．これに対して，複素数を変数とし，複素数に値をとる関数（これを複素関数という）について調べる分野を「複素関数論」あるいは「複素解析学」という．単に「関数論」ともいう．

　複素関数論の中で，重要な役割を果たす関数として正則関数と有理型関数があげられる．特に本書では，複素平面内の領域上の正則関数の基礎事項について解説する．なお有理型関数については，本書に続く巻として本シリーズに『有理型関数』がある．

　複素関数論は数学の各分野はもちろんのこと，物理学，工学などでも使われることが多い．また，これまでに数多くのすぐれた数学者が複素関数論の研究に携わっており，いまやその蓄積は膨大なものとなっている．本書と『有理型関数』が，複素関数論の深い世界へ踏み出すための準備に役立てば幸いである．

　なお本書を読むための予備知識は，大学初年級で学ぶ微分積分である．たとえば，平面内の有界閉集合のコンパクト性，有界閉集合上の実数値連続関数が最大値をもつこと，一様収束について，積分記号と極限の交換，積分記号と微分記号の交換に関する定理，2変数の微分積分あたりをよく使うことになる．これらについては本書内でも復習を兼ねて解説する．なお，微分積分については入江他

[4] を参考文献として参照しているが，他の詳しい微分積分の本でも構わない．

本書に関する情報は適宜

http://www.araiweb.matrix.jp

に掲載するので参照してほしい．

謝辞

本書の執筆をお勧めいただき，また査読を通して有益なアドバイスをいただきました「数学のかんどころ」編集委員の方々をはじめ，共立出版編集部，また数学者の似顔絵をご提供くださった飯高順氏に感謝いたします．

2018 年初冬　新井仁之

目　次

序　文　v

第1章　複素数 ⋯⋯⋯⋯⋯⋯⋯⋯⋯⋯⋯⋯⋯⋯⋯⋯⋯⋯ 1

1.1　複素数　2

1.2　複素平面　5

1.3　複素数列の収束と完備性　9

1.4　複素級数の収束　14

1.5　開集合　16

1.6　閉集合　18

第2章　複素関数と正則関数 ⋯⋯⋯⋯⋯⋯⋯⋯⋯⋯ 23

2.1　複素関数と偏微分　24

2.2　複素微分と正則関数　27

2.3　複素微分可能性の特徴付け　30

2.4　コーシー・リーマンの関係式（実変数版）　38

2.5　正則関数の基本的な性質　40

第3章　双正則写像といくつかの例 ⋯⋯⋯⋯⋯ 47

3.1　双正則写像　48

3.2　1次分数変換　50

viii 目 次

   3.3 単位円を単位円に写す1次分数変換　52

   3.4 単位円を上半平面に写す1次分数変換　53

   3.5 上半平面を上半平面に写す1次分数変換　54

   3.6 ジューコフスキー変換　56

第4章　コーシーの定理とコーシーの積分公式 ………… **59**

   4.1 複素平面内の曲線　60

   4.2 複素積分　66

   4.3 グリーンの公式　72

   4.4 コーシーの定理とコーシーの積分公式　78

第5章　正則関数の無限回微分可能性と正則関数列 … **81**

   5.1 正則関数が C^∞ 級かつ任意回複素微分可能なこと　82

   5.2 正則関数列について　88

第6章　べき級数と正則関数 ……………………………… **95**

   6.1 べき級数で定義される正則関数　96

   6.2 正則関数のべき級数展開　106

第7章　正則関数の著しい諸性質 ……………………… **113**

   7.1 リュービルの定理　114

   7.2 一致の定理　118

   7.3 最大値の原理　124

第8章　正則関数の原始関数 …………………………… **129**

   8.1 正則関数の原始関数の存在　130

   8.2 原始関数による正則関数の対数の定義　133

   8.3 対数関数　136

8.4　正則関数の複素べき　140

8.5　原始関数の調和関数への応用　141

第9章　さらなる学習への一案内　……………………………　**147**

9.1　正規族　148

9.2　リーマンの写像定理　149

9.3　近似定理　151

9.4　補間定理　152

9.5　コロナ定理　153

付録A　グリーンの公式について　………………………………　**155**

A.1　簡単な領域での証明　156

A.2　グリーンの公式（定理 4.10）の証明　159

付録B　補題 7.7 の証明　………………………………　**163**

問題解答　167

文献案内　177

関連図書　179

索　　引　181

第 **1** 章

複素数

　複素関数論の舞台は，複素平面である．まずはじめに複素数と複素平面に関する基礎事項を復習しておこう．それから，複素数からなる数列と級数について基本的なことを学ぶ．本章は，複素関数論へのウォーミングアップである．

1.1 複素数

2乗して -1 になる数を虚数単位といい，i で表わす．虚数単位
は，$i = \sqrt{-1}$ と書かれることもある．また工学では j と記される
こともあるが，本書では i の表記を用いることにする．

一般の複素数は，$x + iy$（ただし x, y は実数）と表される数であ
る．$z = x + iy$ とおくとき，x を z の実部，y を z の虚部といい，

$$x = \operatorname{Re} z, \ y = \operatorname{Im} z$$

と表わす．以下，本書では特に断らない限り，複素数 $z = x + iy$
と表記した場合，x と y は実数（つまり x は z の実部，y は z の虚
部）を表わすことにする．

複素数 $z = x + iy$ に対して

$$|z| = \sqrt{x^2 + y^2}$$

とし，これを z の絶対値という．複素数 $z_1 = x_1 + iy_1$，$z_2 = x_2 + iy_2$（x_1, x_2, y_1, y_2 は実数）に対して，その和は

$$z_1 + z_2 = x_1 + x_2 + i(y_1 + y_2),$$

また積は

$$z_1 z_2 = x_1 x_2 - y_1 y_2 + i(x_1 y_2 + y_1 x_2)$$

により定義される．この積の定義を記憶しておいてもよいが，$i^2 = -1$ を利用して次のような計算により積の形を再現することができ
る．

$$z_1 z_2 = (x_1 + iy_1)(x_2 + iy_2) = x_1(x_2 + iy_2) + iy_1(x_2 + iy_2)$$
$$= x_1 x_2 + ix_1 y_2 + iy_1 x_2 + iy_1 iy_2$$
$$= x_1 x_2 + i(x_1 y_2 + y_1 x_2) + i^2 y_1 y_2$$
$$= x_1 x_2 - y_1 y_2 + i(x_1 y_2 + y_1 x_2).$$

以下では，$\boldsymbol{R}$ により実数全体のなす集合を表し，複素数全体のなす集合を $\boldsymbol{C}$ により表わす．実数 x は $x = x + i0$ と考え，複素数の一つとみなす．すなわち，$\boldsymbol{R} \subset \boldsymbol{C}$ とみなす．特に $0 = 0 + i0$ である．$z \neq 0$ とは $\operatorname{Re} z \neq 0$ あるいは $\operatorname{Im} z \neq 0$ であることを意味する．

複素数 $z = x + iy$ に対して，

$$\overline{z} = x - iy$$

とおき，これを z の複素共役という．定義から明らかに

$$\overline{\overline{z}} = z,$$
$$|\overline{z}| = \sqrt{x^2 + y^2} = |z|$$

である．また

$$z\overline{z} = (xx + yy) + i(-xy + yx) = x^2 + y^2$$
$$= |z|^2$$

となっている．次のことも容易にわかる．

$$z + \overline{z} = x + iy + x - iy = 2x = 2\operatorname{Re} z,$$
$$z - \overline{z} = x + iy - x + iy = 2iy = 2i \operatorname{Im} z$$

$z = x + iy$，$w = x' + iy' \in \boldsymbol{C}$ に対して

4　第1章　複素数

$$\overline{z+w} = \overline{z} + \overline{w}$$

$$\overline{z}\,\overline{w} = (x-iy)(x'-iy') = (xx'-yy') - i(xy'+yx')$$

$$= \overline{zw}$$

である．以上のことから

$$|z+w|^2 = (z+w)(\overline{z+w}) = |z|^2 + z\overline{w} + \overline{z}w + |w|^2$$

$$= |z|^2 + z\overline{w} + \overline{z\overline{w}} + |w|^2$$

$$= |z|^2 + 2\,\mathrm{Re}\,z\overline{w} + |w|^2$$

$$(\,= |z|^2 + 2\,\mathrm{Re}\,\overline{z}w + |w|^2).$$

絶対値の定義から，$|z| = 0$ であるための必要十分条件は $z = 0$ となることである．

複素数 $z = x + iy$ が $z \neq 0$ の場合，

$$\frac{1}{z} = \frac{1}{x+iy} = \frac{x-iy}{(x+iy)(x-iy)} = \frac{x}{x^2+y^2} - i\frac{y}{x^2+y^2}$$

である．複素共役の表記を用いれば，

$$\frac{1}{z} = \frac{\overline{z}}{z\overline{z}} = \frac{\overline{z}}{|z|^2}$$

である．

問題 1.1　(1) 複素数 $z_1 = x_1 + iy_1$，$z_2 = x_2 + iy_2$（ただし $z_2 \neq 0$）に対し，$\dfrac{z_1}{z_2}$ の実部と虚部を求めよ．

(2) $z \in \boldsymbol{C}$ が，$|z| = 1$ をみたすとき，$\dfrac{1}{z} = \overline{z}$ を示せ．

(3) $z, w \in \boldsymbol{C}$ に対して $\mathrm{Re}(\overline{z}w) = \mathrm{Re}(z\overline{w})$ を示せ．

1.2 複素平面

複素数 $z = x + iy$ (x, y は実数) を2次元数空間

$$\boldsymbol{R}^2 = \{(x, y) : x \in \boldsymbol{R},\, y \in \boldsymbol{R}\}$$

上の点 (x, y) に1対1に対応させて表わすことができる (図1-1). このように平面上の点が複素数を表わすものと考えたとき, この平面を**複素平面**, あるいは**ガウス平面**といい, 複素数を複素平面の点, またはガウス平面の点と呼ぶ.

複素平面では x 軸（横軸）を**実軸**と呼び, y 軸（縦軸）を**虚軸**と呼ぶ.

$\boldsymbol{C}$ の部分集合[1] Ω に対して

$$\Omega_{\boldsymbol{R}} = \{(\operatorname{Re} z, \operatorname{Im} z) : z \in \Omega\} \ (\subset \boldsymbol{R}^2) \qquad (1.1)$$

とする. これは Ω を $\boldsymbol{R}^2$ 内の集合とみなしたものである. 厳密に

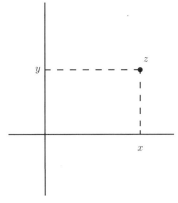

図 1-1 複素平面. 複素数 $z = x + iy$ は平面上の点 (x, y) として表される.

---
[1] 真部分集合のほか, $\boldsymbol{C}$ 自身も $\boldsymbol{C}$ の部分集合の一つと考える.

図 1-2　ガウス（Carl Friedrich Gauss, 1777-1855）

は，Ω と Ω_R は区別して記す必要があるが，今後は混乱のない限り区別せず，Ω_R と Ω を同一視して同じ記号で表わすこともある．

複素数といったら複素平面の点をイメージできるようにしておこう．

ところで，複素平面の原点 0 以外の点 $z = x + iy$ は次のように極座標により表わすことができる．原点 $(0,0)$ と z に対応する点 (x,y) を結ぶ線分と直線 $y = 0$ とのなす角を θ とする（図1-3参照）．また原点と (x,y) との距離を $r = \sqrt{x^2 + y^2}$ とすると，

$$x = r\cos\theta, y = r\sin\theta$$

である．$z = x + iy$ は極座標を使えば，

$$\begin{aligned}z &= x + iy \\ &= r\cos\theta + ir\sin\theta \\ &= r(\cos\theta + i\sin\theta)\end{aligned}$$

と表せる．これを z の**極形式**という．$r = |z|$ であり，これを z の**長さ**（あるいは**大きさ**）といい，θ を z の**偏角**という．

ところで，$\sin$ と $\cos$ は周期 2π の関数であるから，整数 n に対して

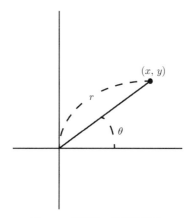

図 **1-3** 複素数の極座標表示.

$$\cos(\theta + 2n\pi) = \cos\theta, \ \sin(\theta + 2n\pi) = \sin\theta$$

となっている.したがって,z の偏角は

$$\theta + 2n\pi, \ n = 0, \pm 1, \pm 2, \ldots$$

のように無限個の値をとり得る(つまり $\boldsymbol{R}^2$ 上の点は原点を中心に n 回転すると元の位置に戻る).本書では,便宜上

$$\arg z = \{\theta + 2n\pi : n = 0, \pm 1, \pm 2, \ldots\}$$

とも表わすことにする.z の偏角 θ のうち特に $-\pi < \theta \leq \pi$ と制限したものを $\mathrm{Arg}\, z$ と表し,z の偏角の**主値**(あるいは $\arg z$ の主値)という.すなわち

$$\mathrm{Arg}\, z = \theta, \ -\pi < \theta \leq \pi$$

である.

8   第 1 章　複素数

極形式が $z = r\left(\cos\theta + i\sin\theta\right)$ であるとき z の複素共役は

$$\overline{z} = r\cos\theta - ir\sin\theta = r\left(\cos\left(-\theta\right) + i\sin\left(-\theta\right)\right)$$

である．つまり z を -2θ の回転させた点として図示される．
　また

$$\frac{1}{z} = \frac{\overline{z}}{|z|^2} = \frac{1}{r}\left(\cos\left(-\theta\right) + i\sin\left(-\theta\right)\right) \tag{1.2}$$

である．したがって，z の原点からの距離は r であるから，$\dfrac{1}{z}$ は原点からの距離を $\dfrac{1}{r}$ にして，-2θ 回転移動させたところの点を表している．

問題 1.2　$z = r\left(\cos\theta + i\sin\theta\right)$，$w = s\left(\cos\varphi + i\sin\varphi\right)$ に対して，次のことを証明せよ．

(1) $zw = rs\left(\cos\left(\theta + \varphi\right) + i\sin\left(\theta + \varphi\right)\right)$．

(2) $n = 1, 2, 3, \ldots$ に対して $z^n = r^n\left(\cos n\theta + i\sin n\theta\right)$．

(3) $\arg z - \arg w = \{\theta - \theta' : \theta \in \arg z, \theta' \in \arg w\}$ とする．$w \neq 0$ のとき，

$$\arg\frac{z}{w} = \arg z - \arg w.$$

問題 1.3 (重要)　複素数 z_1，z_2 に対して

$$|z_1 z_2| = |z_1||z_2|,$$

$$||z_1| - |z_2|| \leq |z_1 + z_2| \leq |z_1| + |z_2|$$

を証明せよ．$|z_1 + z_2| \leq |z_1| + |z_2|$ は三角不等式と呼ばれている．これらの等式と不等式は頻繁に用いることになる．

1.3 複素数列の収束と完備性   9

問題 1.4 複素平面上の直線の方程式は

$$\overline{\beta}z + \beta\overline{z} + \gamma = 0 \quad (\gamma \in \boldsymbol{R},\ \beta \in \boldsymbol{C},\ \beta \neq 0),$$

円周の方程式は

$$\alpha z\overline{z} + \overline{\beta}z + \beta z + \gamma = 0 \quad (\alpha, \gamma \in \boldsymbol{R},\ \beta \in \boldsymbol{C},\ |\beta|^2 > \alpha\gamma)$$

で表わされることを示せ.

1.3 複素数列の収束と完備性

実数列 $\{x_n\}_{n=1}^{\infty}$ の場合, これがコーシー列, すなわち, $\lim\limits_{m,n\to\infty} |x_n - x_m| = 0$ であれば, ある実数 x が存在し, $\lim\limits_{n\to\infty} x_n = x$ が成り立つ. これは実数の完備性と呼ばれる性質である. はじめにこの完備性が複素数の場合にも成り立っていることを証明する.

まず, 実数の場合にならって複素数列の収束の定義をしておく. 複素数列 $\{z_n\}_{n=0}^{\infty}$ がある複素数 z に対して $\lim\limits_{n\to\infty} |z_n - z| = 0$ をみたすことを, $\{z_n\}_{n=0}^{\infty}$ は z に**収束**するといい,

$$\lim_{n\to\infty} z_n = z$$

あるいは

$$z_n \to z \ (n \to \infty)$$

と表わす. このことを ε-δ 論法を使って記述すれば次のようになる. $\{z_n\}_{n=0}^{\infty}$ がある複素数 z に収束するとは, 任意の $\varepsilon > 0$ に対して, ある番号 N を

$$n \geq N \text{ ならば } |z_n - z| < \varepsilon$$

が成り立つようにとれることである．$\{z_n\}_{n=0}^{\infty}$ がある複素数 z に収束するとき，$\{z_n\}_{n=0}^{\infty}$ を**収束列**，z をこの複素数列の**極限点**という．

なお複素数列の番号 n は 0 から始まるものだけではなく，たとえば $\{z_n\}_{n=1}^{\infty}$ のように 1 から始まるもの，あるいは適当な整数 k から始まる数列 $\{z_n\}_{n=k}^{\infty}$ も扱う．これに対しても収束は同様に定義される．

複素数を複素平面の点と考え，複素数列のことを（複素平面内の）**点列**ということもある．

次の不等式は複素数とその実部，虚部を結ぶ基本的なものである．

補題 1.1

$z \in \boldsymbol{C}$ に対して

$$\max\{|\operatorname{Re} z|, |\operatorname{Im} z|\} \leq |z| \leq |\operatorname{Re} z| + |\operatorname{Im} z|.$$

ただし，ここで $\max\{x, y\}$（x, y は実数）は x と y のうち大きい方（ただし $x = y$ の場合はその共通の値 x）を表わすものとする．

[証明] $|\operatorname{Re} z|, |\operatorname{Im} z| \leq \sqrt{|\operatorname{Re} z|^2 + |\operatorname{Im} z|^2} = |z|$ より前半の不等式が成り立つ．後半の不等式を示す．

$$|z| = \sqrt{|\operatorname{Re} z|^2 + |\operatorname{Im} z|^2} \leq \sqrt{|\operatorname{Re} z|^2} + \sqrt{|\operatorname{Im} z|^2} = |\operatorname{Re} z| + |\operatorname{Im} z|.$$

$\square$

この不等式から容易に次の補題が得られる．

1.3 複素数列の収束と完備性　11

補題 1.2

　複素数列 $\{z_n\}_{n=0}^{\infty}$ が収束列であるための必要十分条件は，$\{\mathrm{Re}\,z_n\}_{n=1}^{\infty}$, $\{\mathrm{Im}\,z_n\}_{n=1}^{\infty}$ が収束列となることである．このとき，

$$\lim_{n\to\infty} z_n = \lim_{n\to\infty} \mathrm{Re}\,z_n + i \lim_{n\to\infty} \mathrm{Im}\,z_n$$

が成り立つ．

　つまり，複素数列 $\{z_n\}_{n=0}^{\infty}$ の収束は，その実部 $\{\mathrm{Re}\,z_n\}_{n=0}^{\infty}$ と虚部 $\{\mathrm{Im}\,z_n\}_{n=0}^{\infty}$ の収束に帰着されるわけである．

[証明] $\{\mathrm{Re}\,z_n\}_{n=1}^{\infty}$, $\{\mathrm{Im}\,z_n\}_{n=1}^{\infty}$ が収束列で，その極限をそれぞれ x, y とする．$z = x + iy$ とおく．このとき補題 1.1 より

$$|z_n - z| \le |\mathrm{Re}(z_n - z)| + |\mathrm{Im}(z_n - z)|$$
$$= |\mathrm{Re}\,z_n - x| + |\mathrm{Im}\,z_n - y| \to 0 \ (n \to \infty)$$

である．ゆえに $\lim_{n\to\infty} z_n = z$ となる．逆に $\lim_{n\to\infty} z_n = z$ であるとする．補題 1.1 より

$$|\mathrm{Re}\,z_n - \mathrm{Re}\,z| = |\mathrm{Re}(z_n - z)| \le |z_n - z| \to 0 \ (n \to \infty)$$

より $\lim_{n\to\infty} \mathrm{Re}\,z_n = \mathrm{Re}\,z$ である．同様にして $\lim_{n\to\infty} \mathrm{Im}\,z_n = \mathrm{Im}\,z$ を得る． $\qquad\square$

　次に複素数列に対してコーシー列を定義する．複素数列 $\{z_n\}_{n=0}^{\infty}$ が

$$\lim_{m,n\to\infty} |z_m - z_n| = 0$$

をみたすとき，コーシー列であるという．

12　第 1 章　複素数

定理 1.3

　複素数列 $\{z_n\}_{n=0}^{\infty}$ がコーシー列ならば，収束列である（この性質を複素数の**完備性**という）．逆に収束列はコーシー列である．

[証明]　まず完備性を示す．$\{z_n\}_{n=0}^{\infty}$ をコーシー列とする．$x_n = \operatorname{Re} z_n, y_n = \operatorname{Im} z_n$ とおく．補題 1.1 より

$$|x_m - x_n|, |y_m - y_n| \leq |z_m - z_n|$$

であるから，$\lim_{m,n \to \infty} |x_m - x_n| = 0, \lim_{m,n \to \infty} |y_m - y_n| = 0$ が得られる．したがって，実数の完備性から，ある実数 x と y で，

$$\lim_{n \to \infty} x_n = x, \lim_{n \to \infty} y_n = y$$

をみたすものが存在する．そこで $z = x + iy$ とおくと，補題 1.2 より，$\lim_{n \to \infty} z_n = z$ が得られる．

　逆を示す．$\{z_n\}_{n=0}^{\infty}$ がある複素数 z に収束していれば，

$$|z_m - z_n| = |z_m - z - (z_n - z)| \leq |z_m - z| + |z_n - z|$$
$$\to 0 \ (m, n \to \infty)$$

より，$\{z_n\}_{n=0}^{\infty}$ はコーシー列である．　　　　　□

　実数列については，有界な実数列は収束部分列をもつというボルツァーノ・ワイエルシュトラスの定理が知られている[2]．この結果はそのまま複素数列でも成り立つ．複素数列 $\{z_n\}_{n=0}^{\infty}$ が有界列であるとは，ある正の数 M により，$|z_n| \leq M \ (n = 0, 1, 2, \ldots)$ となることである．

---

2)　たとえば入江 [4, p.32, 定理 5].

1.3 複素数列の収束と完備性　13

定理 1.4 **ボルツァーノ・ワイエルシュトラスの定理**

$\{z_n\}_{n=1}^{\infty}$ を有界な複素数列とする．このとき，ある部分列 $\{z_{n_j}\}_{j=1}^{\infty}$（ただし $n_1 < n_2 < \cdots$）とある点 $z \in \boldsymbol{C}$ で，$\lim_{n_j \to \infty} z_{n_j} = z$ となるものが存在する．

[証明] $x_n = \operatorname{Re} z_n,\, y_n = \operatorname{Im} z_n$ とする．$|x_n| \leq |z_n| \leq M$ であるから，実数列に対するボルツァーノ・ワイエルシュトラスの定理より，ある部分列 $\{x_{n_k'}\}_{k=1}^{\infty}$ と実数 x で，$\lim_{k \to \infty} x_{n_k'} = x$ をみたすものが存在する．$|y_{n_k'}| \leq |z_{n_k'}| \leq M$ であるから，同様にして，$\{y_{n_k'}\}_{k=1}^{\infty}$ の部分列 $\{y_{n_j}\}_{j=1}^{\infty}$ と実数 y で，$\lim_{j \to \infty} y_{n_j} = y$ なるものが存在する．明らかに $\lim_{j \to \infty} x_{n_j} = x$ であるから，$z = x + iy$ とすると，$\lim_{n_j \to \infty} z_{n_j} = z$. □

問題 1.5 複素数列 $\{z_n\}_{n=0}^{\infty}$ が複素数 z に収束し，かつ複素数 w に収束するならば，$z = w$ であることを示せ．

問題 1.6 複素数列 $\{z_n\}_{n=0}^{\infty}$ が収束列ならば有界列であることを示せ．

問題 1.7 複素数列 $\{z_n\}_{n=0}^{\infty}$ と $\{w_n\}_{n=0}^{\infty}$ がそれぞれ複素数 z, w に収束しているとする．$a, b \in \boldsymbol{C}$ とする．このとき次のことを証明せよ．

(1) $\lim_{n \to \infty} (az_n + bw_n) = az + bw.$

(2) $\lim_{n \to \infty} z_n w_n = zw.$

14　第 1 章　複素数

1.4　複素級数の収束

複素数列 $\{z_n\}_{n=0}^{\infty}$ に対して和

$$s_N = \sum_{n=0}^{N} z_n \quad (N = 0, 1, 2, \ldots)$$

を考える．この複素数の和からなる複素数列 $\{s_N\}_{N=0}^{\infty}$ がある複素数 s に収束するとき，級数 $\sum\limits_{n=0}^{\infty} z_n$ は s に収束するといい，複素数 s を

$$s = \sum_{n=0}^{\infty} z_n$$

と表わす．すなわち，

$$\sum_{n=0}^{\infty} z_n = \lim_{N \to \infty} s_N = \lim_{N \to \infty} \sum_{n=0}^{N} z_n$$

である．なお複素級数の番号 n は 0 から始まるものだけではなく，たとえば $\sum\limits_{n=k}^{\infty} z_n$ のように適当な整数 k から始まるものも扱う．

複素数列 $\{z_n\}_{n=0}^{\infty}$ に対して級数 $\sum\limits_{n=0}^{\infty} |z_n|$ がある実数に収束するとき，すなわち $\sum\limits_{n=0}^{\infty} |z_n| < +\infty$ をみたすとき，複素級数 $\sum\limits_{n=0}^{\infty} z_n$ は絶対収束するという．

定理 1.5

複素数列 $\{z_n\}_{n=0}^{\infty}$ に対して級数 $\sum\limits_{n=0}^{\infty} z_n$ が絶対収束していれば，$\sum\limits_{n=0}^{\infty} z_n$ はある複素数に収束する．

1.4 複素級数の収束   15

[証明] $t_N = \sum_{n=0}^{N} |z_n|$ とおくと，これは収束列であるから，コーシー列である．したがって，$N' > N$ に対して

$$|s_{N'} - s_N| = \left| \sum_{n=N+1}^{N'} z_n \right| \leq \sum_{n=N+1}^{N'} |z_n|$$
$$= t_{N'} - t_N \to 0 \quad (N, N' \to \infty)$$

が成り立つ．ゆえに複素数の完備性から，$\{s_N\}_{N=0}^{\infty}$ はある複素数 s に収束する．   □

問題 1.8 級数 $\sum_{n=0}^{\infty} z_n$ がある複素数に収束するならば，$\lim_{n \to \infty} z_n = 0$ となることを示せ．

実数列の級数について，次の判定公式が知られている[3]．$a_n \geq 0$ $(n \in \boldsymbol{N})$ に対して

$$\lim_{n \to \infty} \sqrt[n]{a_n} < 1 \text{ ならば } \sum_{n=1}^{\infty} a_n < +\infty \tag{1.3}$$

$$\lim_{n \to \infty} \frac{a_{n+1}}{a_n} < 1 \text{ ならば } \sum_{n=1}^{\infty} a_n < +\infty \tag{1.4}$$

ただし (1.4) では $a_n \neq 0$ $(n \in \boldsymbol{N})$ も仮定する．$a_n = |z_n|$ とすれば，これは複素数の級数 $\sum_{n=1}^{\infty} z_n$ の絶対収束の判定条件を与えている．

―――――――――――
3) たいていの微分積分の本には載っているが，例えば入江他 [4, p.43 系] 参照.

16　第 1 章　複素数

1.5　開集合

複素関数論では開集合という概念がよく使われる．開集合を定義するため，開円板の定義から始める．$c \in \boldsymbol{C}$ と $r > 0$ に対して

$$D(c, r) = \{z \in \boldsymbol{C} : |z - c| < r\}$$

を中心 c，半径 r の開円板という（図 1-4 参照）．特に $D(0, 1)$ を単位開円板という．$D(c, r)$ の記号は本書を通して用いる．

$D(c, r)_{\boldsymbol{R}}$（この記号の定義は (1.1) 参照）は，$c = c_1 + ic_2$ $(c_1, c_2 \in \boldsymbol{R})$ としたとき，中心が $(c_1, c_2) \in \boldsymbol{R}^2$，半径が $r > 0$ の平面上の円周を含まない円板

$$D(c, r)_{\boldsymbol{R}} = \left\{(x, y) \in \boldsymbol{R}^2 : \sqrt{(x - c_1)^2 + (y - c_2)^2} < r\right\} \quad (1.5)$$

になっている．

定義 1.6

空でない集合 $G \subset \boldsymbol{C}$ が $\boldsymbol{C}$ 内の**開集合**であるとは，任意の $z \in G$ に対して，$r > 0$ を

$$D(z, r) \subset G$$

となるようにとれる集合のことである．なお空集合も開集合であるとする．

注意 1.7　2 変数の微分積分で $\boldsymbol{R}^2$ の開集合の定義を学んだことのある読者ならば，$G \subset \boldsymbol{C}$ が開集合であることと，$G_{\boldsymbol{R}}$ が $\boldsymbol{R}^2$ の開集合であることは同値であることがわかるであろう．次節で定義する閉集合も同様である．

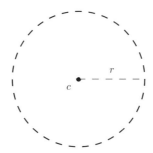

図 1-4　中心 c, 半径 r の開円板. 縁のない円板.

開集合の例として次のものがある.

例 1.8

$c \in \boldsymbol{C}$, $R > 0$ とする. $D(c, R)$ は $\boldsymbol{C}$ 内の開集合である.

[解説]　任意に $z \in D(c, R)$ をとる. $s = |z - c|$ とおくと, $0 \leq s < R$ である. $r = \dfrac{R - s}{2}$ とおくと, $D(z, r) \subset D(c, R)$ であることを示す. $w \in D(z, r)$ ならば, $|w - z| < r$ であるから,

$$|w - c| = |w - z + z - c| \leq |w - z| + |z - c|$$
$$< r + s = \frac{R + s}{2} < R.$$

ゆえに $w \in D(c, R)$ であり, $D(z, r) \subset D(c, R)$ が示された. よって $D(c, r)$ は $\boldsymbol{C}$ 内の開集合である. □

問題 1.9

$c = c_1 + ic_2$ $(c_1, c_2 \in \boldsymbol{R})$ とし, $R_1 > 0, R_2 > 0$ とする.

$$Q = \{x + iy : x, y \in \boldsymbol{R}, |x - c_1| < R_1, |y - c_2| < R_2\}$$

とする. Q が開集合であることを示せ.

18 第1章 複素数

1.6 閉集合

後の議論で必要な範囲で閉集合についても記しておく．閉集合の定義から始める．

定義 1.9

空でない集合 $E \subset \boldsymbol{C}$ が $\boldsymbol{C}$ 内の**閉集合**であるとは，E に含まれる点列 $z_n \in E$ $(n = 1, 2, \ldots)$ が，ある $z \in \boldsymbol{C}$ に収束するならば，$z \in E$ となることである．なお空集合も閉集合であるとする．

明らかに空集合と複素平面 $\boldsymbol{C}$ は $\boldsymbol{C}$ 内の閉集合である．これらは開集合でもある．

閉集合の例として次に定義する閉円板がある．$c \in \boldsymbol{C}$, $r > 0$ に対して，

$$\Delta(c,r) = \{z \in \boldsymbol{C} : |z - c| \leq r\} \tag{1.6}$$

を中心 c, 半径 r の**閉円板**という（図 1-5 参照）．特に $\Delta(0,1)$ を**単位閉円板**という．$\Delta(c,r)$ の記号は本書を通して用いる．

例 1.10

中心 c, 半径 R の閉円板 $\Delta(c,R)$ は $\boldsymbol{C}$ 内の閉集合である．

[解説] $z_n \in \Delta(c,R)$ $(n = 1, 2, \ldots)$ がある $z \in \boldsymbol{C}$ に収束しているとする．

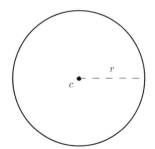

図 1-5 中心 c, 半径 r の閉円板. 縁もこめた円板.

$$|z-c| = |z-z_n+z_n-c| \le |z-z_n|+|z_n-c|$$
$$\le |z-z_n|+R$$

である. ここで, $n \to \infty$ とすると, $|z-z_n| \to 0$ であるから, $|z-c| \le R$ を得る. ゆえに $z \in \Delta(c,R)$ である. □

例 1.11

中心 c, 半径 R の開円板 $D(c,R)$ は $\boldsymbol{C}$ 内の閉集合でない.

[解説] $z_n = c + \left(1 - \dfrac{1}{n}\right)R \ (n=1,2,\ldots)$ とする. $z_n \in D(c,R)$ であるが,

$$\lim_{n\to\infty} z_n = c+R \notin D(c,R)$$

である. ゆえに $D(c,R)$ は閉集合ではない. □

一般に集合 $A, B \subset \boldsymbol{C}$ に対して,

$$A \smallsetminus B = \{w \in A : w \notin B\}$$

と定義する. 特に $A^c = \boldsymbol{C} \smallsetminus A$ と表わす.

20 第1章 複素数

問題 1.10 $\Omega \subset C$ が C 内の開集合で，E が C 内の閉集合で，$E \subset \Omega$ とする．このとき，$\Omega \smallsetminus E$ は C 内の開集合であることを示せ．

問題 1.11 $\Omega = \{z \in C : 0 < |z| < 1\}$ が開集合であることを示せ．

問題 1.12 $\Omega \subset C$ が C 内の開集合で，E が C 内の閉集合で，$\Omega \subset E$ とする．このとき，$E \smallsetminus \Omega$ は C 内の閉集合であることを示せ．

$c \in C$，$r > 0$ に対して

$$C(c,r) = \{z \in C : |z - c| = r\} \tag{1.7}$$

とおく．これを中心 c，半径 r の円周という（後述の例 4.1 も参照）．

問題 1.13 $C(c,r) = \Delta(c,r) \smallsetminus D(c,r)$ であることを示し，閉集合であることを示せ．

最後に有界閉集合について述べる．

定義 1.12

集合 $E \subset C$ が有界であるとは，十分大きな $R > 0$ をとれば $E \subset \Delta(0,R)$ とできることである．有界な閉集合を C 内の**有界閉集合**という．

明らかに閉円板 $\Delta(c,R)$ は C 内の有界閉集合であるが，C は有界ではない C 内の閉集合である．

有界閉集合に対して，次の定理が成り立つ．

1.6 閉集合　21

定理 1.13　**ハイネ・ボレルの被覆定理**

$E \subset C$ を C 内の有界閉集合とする. 無限個[4]の開集合 U_λ $(\lambda \in \Lambda)$ により, $E \subset \bigcup_{\lambda \in \Lambda} U_\lambda$ となっていれば, Λ の中から有限個の $\lambda_1, \ldots, \lambda_N$ を

$$E \subset \bigcup_{j=1}^{N} U_{\lambda_j}$$

となるようにとることができる.

[証明]　R^2 の有界閉集合に対して定理 1.13 に相当するものが成り立つことが知られている[5]. $E \subset C$ が有界閉集合のとき, E_R は R^2 の有界閉集合であるから, R^2 における該当する定理を適用すれば定理 1.13 が得られる.　　　　　　　　　　　　　　　□

定理 1.13 の結論をみたす集合を, 一般にコンパクト集合という. この定理は複素平面では, 任意の有界閉集合はコンパクト集合であることを示すものである.

問題 1.14　$E \subset C$ が有界閉集合で, $E \subset D(c, R)$ ならば, ある $0 < R' < R$ をとって, $E \subset \Delta(0, R')$ とできることを示せ.

問題 1.15　C 内のコンパクト集合は有界閉集合であることを示せ.

---

4)　非可算無限でもよい.
5)　序文にも記したが, 本書は微積分を仮定しているので証明は微分積分の教科書に譲る. たとえば入江他 [4, p.260 定理 6] 参照.

第 2 章

複素関数と正則関数

　複素数を複素数に対応させる関数が複素関数である．この章では主に複素関数の偏微分と複素微分について学ぶ．複素微分は複素関数論の根幹をなす重要なものである．その意味と偏微分との違いを把握してほしい．複素関数の偏微分，複素微分，正則関数，コーシー・リーマンの関係式など，本章に記されたことは複素関数論を理解していくうえで不可欠の基礎事項である．

図 2-1　左：コーシー（Augustin Louis Cauchy, 1789-1857），右：リーマン（Georg Friedrich Bernhard Riemann, 1826-1866）．

24　第 2 章　複素関数と正則関数

2.1　複素関数と偏微分

　一般に，$\boldsymbol{C}$ の部分集合[1]Ω から $\boldsymbol{C}$ への写像 f を Ω 上の複素関数，または複素数値関数，あるいは単に関数といい，

$$f : \Omega \to \boldsymbol{C}$$

あるいは

$$f : \Omega \ni z \to f(z) \in \boldsymbol{C}$$

と表わす．特に $f : \Omega \to \boldsymbol{R}$ なるものを実数値関数という．

　変数を明記して f の代わりに $f(z)$ は Ω 上の複素関数であるということもある．f が定義されている集合 Ω を f の定義域といい，$D(f)$ で表わす．また

$$R(f) = \{f(z) : z \in D(f)\}$$

を f の値域という．$E \subset D(f)$ に対して，$f(E) = \{f(z) : z \in E\}$ を f による E の像という．

　たとえば

$$f(z) = z^2 + z$$

は $\boldsymbol{C}$ 上の複素関数である．また

$$f(z) = \frac{1}{z}$$

は $\{z \in \boldsymbol{C} : z \neq 0\}$ を定義域とする複素関数である．

　ところで，$\boldsymbol{C}$ の部分集合 Ω 上の複素関数 $f(z)$ は，

---

1)　今後特に断らないが，空集合でない場合を考える．

$$f(x, y) = f(x + iy)$$

として，$\Omega_{\boldsymbol{R}} \subset \boldsymbol{R}^2$ 上の x と y の関数とみなすことができる．また

$$u(x, y) = \operatorname{Re} f(x + iy), \quad v(x, y) = \operatorname{Im} f(x + iy) \qquad (2.1)$$

と定め，u, v を x, y の実数値関数と考えることができる．これらの記号を使えば，$z = x + iy$ とすると

$$\begin{aligned}
f(z) = f(x + iy) &= \operatorname{Re} f(x + iy) + i \operatorname{Im} f(x + iy) \\
&= u(x, y) + iv(x, y) \qquad (2.2)
\end{aligned}$$

と表わすこともできる．

以上のような読み替えにより，実 2 変数関数に関する諸概念を複素関数に移植することができる．たとえば，

定義 2.1

$\boldsymbol{C}$ 内の開集合または閉集合 Ω 上の関数 $f(z)$ が Ω 上で**連続**とは，(2.1) で定めた $u(x, y)$ と $v(x, y)$ が $\Omega_{\boldsymbol{R}}$ 上の関数として連続なことである．

実 2 変数の連続関数に対して，有界閉集合 $E_{\boldsymbol{R}}$ 上の実数値連続関数が $E_{\boldsymbol{R}}$ 上で最大値と最小値をとることが知られている[2]．したがって次の定理が成り立つ．

定理 2.2

$E \subset \boldsymbol{C}$ を $\boldsymbol{C}$ 内の有界閉集合とする．f を E 上の実数値連

---

2)　入江他 [4, p.38, 定理 19] 参照.

26　第2章　複素関数と正則関数

続関数とすると，f は E 上で最大値と最小値をとる．

　偏微分も次のようにして複素関数に対して定義することができる．

　Ω を $\boldsymbol{C}$ の開集合とする．$m = 0, 1, 2, \ldots$ とする．$\Omega_{\boldsymbol{R}}$ 上の実2変数の実数値関数 $\varphi(x, y)$ が C^m 級であるとは，$k + l \leq m$ をみたす任意の非負の整数 k, l に対して偏微分係数

$$\frac{\partial^{k+l} \varphi}{\partial x^k \partial y^l}(x, y)$$

が存在し，それが (x, y) の関数として $\Omega_{\boldsymbol{R}}$ 上で連続となることである．ただしここで，k, l が 0 の場合は

$$\frac{\partial^0 \varphi}{\partial x^0 \partial y^0} = \varphi, \ \frac{\partial^k \varphi}{\partial x^k \partial y^0} = \frac{\partial^k \varphi}{\partial x^k}, \ \frac{\partial^k \varphi}{\partial x^0 \partial y^k} = \frac{\partial^k \varphi}{\partial y^k}$$

と考える．なお $\Omega_{\boldsymbol{R}}$ 上で C^0 級であるとは，$\Omega_{\boldsymbol{R}}$ 上で連続なことである．特にどのような $m = 0, 1, 2, \ldots$ に対しても C^m 級になっているとき C^∞ 級という．複素関数の偏微分は次のように定義される．

定義 2.3

　開集合 Ω 上の複素関数 f が Ω 上で C^m 級 $(m = 0, 1, 2, \ldots, \infty)$ であるとは，x と y の実数値関数 $u(x, y) = \mathrm{Re}\, f(x + iy)$，$v(x, y) = \mathrm{Im}\, f(x + iy)$ が $\Omega_{\boldsymbol{R}}$ 上で C^m 級となることである．また，このとき

$$\frac{\partial^{k+l} f}{\partial x^k \partial y^l}(z) = \frac{\partial^{k+l} u}{\partial x^k \partial y^l}(x, y) + i \frac{\partial^{k+l} v}{\partial x^k \partial y^l}(x, y)$$

と定める．

たとえば

$$f(z) = z^2$$

は $z = x + iy$ とすると，$z^2 = x^2 - y^2 + 2ixy$ より

$$u(x, y) = x^2 - y^2, \; v(x, y) = 2xy$$

である．明らかに $u(x, y)$ も $v(x, y)$ も x, y の関数として C^∞ 級であるから，$f(z)$ は C^∞ 級である．

以下では記号を簡略化するため，しばしば

$$\frac{\partial u}{\partial x} = u_x, \; \frac{\partial u}{\partial y} = u_y,$$

$$\frac{\partial^2 u}{\partial x^2} = u_{xx}, \; \frac{\partial^2 u}{\partial y \partial x} = u_{xy}, \; \frac{\partial^2 u}{\partial x \partial y} = u_{yx}, \frac{\partial^2 u}{\partial y^2} = u_{yy} \quad (2.3)$$

などと記すこともある．

2.2 複素微分と正則関数

さて，複素関数には偏微分のほかに，複素微分という微分がある．これは実 1 変数の関数 $f(x)$ の微分

$$f'(x) = \lim_{h \in \mathbf{R}, \, h \neq 0, \, h \to 0} \frac{f(x + h) - f(x)}{h}$$

の変数を形式的に複素数におきかえることにより定義されるものである[3]．

---

3) ここで $\displaystyle\lim_{h \in \mathbf{R}, h \to 0}$ は $h \in \mathbf{R}, h \neq 0$ をみたすように $h \to 0$ としたときの極限を意味するものとする．

28 第2章 複素関数と正則関数

定義 2.4

Ω を $\boldsymbol{C}$ 内の開集合とする. f を Ω 上の複素関数とする. f が点 $z \in \Omega$ で**複素微分可能**であるとは, 極限

$$\lim_{h \in \boldsymbol{C},\, h \neq 0,\, h \to 0} \frac{f(z+h) - f(z)}{h} \tag{2.4}$$

が存在することである[4]. z で複素微分可能であるとき, その極限 (2.4) を $f'(z)$ と表し, **複素微分係数**という.

この定義を ε-δ 論法で記せば次のようになる. f が z で複素微分可能であるとは, ある複素数 $f'(z)$ が存在し, どのような $\varepsilon > 0$ に対しても, ある $\delta > 0$ をとって, $D(z, \delta) \subset \Omega$ かつ

$$h \in \boldsymbol{C}, 0 < |h| < \delta \text{ ならば } \left| \frac{f(z+h) - f(z)}{h} - f'(z) \right| < \varepsilon \tag{2.5}$$

とできる.

本書の主題である正則関数は, この複素微分可能性を使って定義される.

定義 2.5

$\boldsymbol{C}$ 内の開集合 Ω 上の複素関数 f が Ω 上で**正則**, あるいは**正則関数**であるとは, f が Ω の各点で複素微分可能であり, さらに $f'(z)$ が z の関数として Ω 上で連続になることである.

特に $\boldsymbol{C}$ 全体で正則な関数を**整関数**という.

注意 2.6 f が Ω の各点で複素微分可能であれば, f' が Ω で連続であることが知られている (グルサの定理). しかし本書では f' の連続

---

4) ここで $\displaystyle\lim_{h \in \boldsymbol{C}, h \neq 0,\, h \to 0}$ は $h \in \boldsymbol{C}, h \neq 0$ をみたすように $h \to 0$ としたときの極限を意味するものとする.

2.2 複素微分と正則関数　29

性に関する込み入った議論を避けるため上記の定義を採用した.

　まず複素微分可能な関数とそうでない例を示しておこう.

例 2.7

(1) $f(z) = z$ とする. このとき, f は $\boldsymbol{C}$ の各点で複素微分可能
であり, $f'(z) = 1$ である. f' は連続であるから, 正則（したが
って整関数）である.

(2) $f(z) = \overline{z}$ とする. このとき f はいたるところで複素微分でき
ない.

[解説]　(1)
$$\frac{f(z+h) - f(z)}{h} = \frac{z+h-z}{h} = 1$$

より明らかである.

(2) $z \in \boldsymbol{C}$ を任意にとる. もし f が z で複素微分可能であるとする.
$h_n = \dfrac{1}{n}$ $(n = 1, 2, \ldots)$ を考えると $h_n \in \boldsymbol{C}$ かつ $h_n \to 0$ $(n \to \infty)$ で
あるから,
$$f'(z) = \lim_{n \to \infty} \frac{f(z+h_n) - f(z)}{h_n} = \lim_{n \to \infty} \frac{\overline{h_n}}{h_n} = 1$$

である. 次に $k_n = \dfrac{i}{n}$ を考える. このとき $k_n \in \boldsymbol{C}$ かつ $k_n \to 0$
$(n \to \infty)$ であるから, これについても複素微分可能の定義より
$$f'(z) = \frac{f(z+k_n) - f(k)}{k_n} = \frac{\overline{k_n}}{k_n} = -1$$

となり矛盾. よって f は z で複素微分可能ではない.　□

　例 2.7(2) の $f(z) = \overline{z}$ はその実部が $u(x, y) = x$, 虚部が $v(x, y)$
$= -y$ であるから $\boldsymbol{C}$ 上で C^{∞} 級である. それにもかかわらず, い

30　第 2 章　複素関数と正則関数

たるところで複素微分可能ではない．複素微分可能性と偏微分可能
性の違いは何か？

　これについては次節で解説する．

問題 2.1　C 内の開集合 Ω 上の複素関数 f が $z_0 \in \Omega$ で複素微分可
能ならば，z_0 で連続であることを示せ．

問題 2.2　n を正の整数とする．$f(z) = z^n$ とする．このとき，f
は整関数であり，$f'(z) = nz^{n-1}$ となることを示せ．

2.3　複素微分可能性の特徴付け

　偏微分と複素微分の違いは，(2.4) の $\displaystyle\lim_{h \in C, h \neq 0, h \to 0}$ の部分にある．
つまり，h は複素数であるから，$h \to 0$ といった場合に，0 にいろ
いろな方向から近づくことになる（図 2-2(1) 参照）．そして複素微
分可能性は，どの方向から近づいても一定の極限 $f'(z)$ をもつこと
を保証している．これに対して，x に関する偏微分可能性は実軸方
向，また y に関する偏微分可能性は虚軸方向の微分可能性である
（x に関する偏微分は図 2-2(2) 参照）．

　さて f が複素微分可能であるとき，特に $z + h$ を水平方向に z に
近づける（すなわち h を実軸上で 0 に近づける）と，

$$f'(z) = \lim_{h \in \boldsymbol{R}, h \neq 0, h \to 0} \frac{f(x+h, y) - f(x, y)}{h} = \frac{\partial f}{\partial x}(x, y)$$

で，x に関する偏微分になる．一方 $z + h$ を垂直方向に z に近づけ
る（すなわち h を虚軸上で 0 に近づける）と

$$f'(z) = \lim_{h \in \mathbf{R}, h \neq 0, h \to 0} \frac{f(x, y+h) - f(x, y)}{ih} = \frac{1}{i}\frac{\partial f}{\partial y}(x, y)$$

であるから，y に関する偏微分の $\dfrac{1}{i}$ 倍になる．このように，複素微分可能ならば x と y に関して偏微分可能である．特に正則ならば f' の連続性も課しているから，上の等式からそれぞれの偏導関数の連続性も得られ，C^1 級になることがわかる．つまり

$$\boxed{\text{正則関数は } C^1 \text{ 級である．}}$$

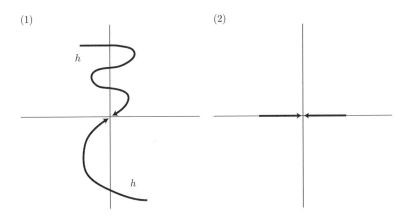

図 2-2 (1) 複素微分では h は全方向から近づき得る．(2) x に関する偏微分では，実軸上の一定方向から近づく．

しかし，逆に f が単に x と y に関して偏微分可能あるいは C^1 級であるだけでは，$z+h$ をどの方向から z に近づけても一定の極限値 $f'(z)$ になることまでは保証していない．というのは，もしもどの方向から近づいても一定の値をとるのであれば，上の計算から

$$\frac{\partial f}{\partial x}(x, y) = f'(z) = \frac{1}{i}\frac{\partial f}{\partial y}(x, y)$$

でなければならないが，実際，$f(z) = \bar{z}$ の例でもわかるように一般には $\dfrac{\partial f}{\partial x}(x, y) = \dfrac{1}{i}\dfrac{\partial f}{\partial y}(x, y)$ とは限らない．

それでは

32 第2章 複素関数と正則関数

$\boxed{C^1 \text{級関数はどのようなときに正則になるのか?}}$

この問題について考えていくことにする.

はじめに次の偏微分の記号を導入しておく.

$$\frac{\partial f}{\partial z} = \frac{1}{2}\left(\frac{\partial f}{\partial x} + \frac{1}{i}\frac{\partial f}{\partial y}\right),$$

$$\frac{\partial f}{\partial \overline{z}} = \frac{1}{2}\left(\frac{\partial f}{\partial x} - \frac{1}{i}\frac{\partial f}{\partial y}\right).$$

この定義は最初は奇妙なものに見えるかもしれないが, 複素関数論ではよく用いられている. 定義中の + と − の違いは

$$\frac{1}{z} = \frac{1}{x+iy}, \frac{1}{\overline{z}} = \frac{1}{x-iy}$$

となることと連動すると記憶しやすい. 明らかに

$$\frac{\partial f}{\partial x} = \frac{\partial f}{\partial z} + \frac{\partial f}{\partial \overline{z}},$$

$$\frac{\partial f}{\partial y} = i\left(\frac{\partial f}{\partial z} - \frac{\partial f}{\partial \overline{z}}\right) \tag{2.6}$$

である.

C^1 級関数がどのようなときに複素微分可能になるかを見ることにしよう. 結論を先に言えば次の定理が成り立つ.

$\boxed{\text{定理 2.8}}$ **(重要)**

$f(z)$ を $\boldsymbol{C}$ 内の開集合 Ω 上の C^1 級の複素関数であるとする. 次のことが成り立つ.

(1) f が $z_0 \in \Omega$ で複素微分可能であるための必要十分条件は

$$\frac{\partial f}{\partial \overline{z}}(z_0) = 0 \tag{2.7}$$

となることである.

(2) f が z_0 で複素微分可能ならば

$$f'(z_0) = \frac{\partial f}{\partial z}(z_0) \tag{2.8}$$

である.

(3) f が Ω 上で正則であるための必要十分条件は

$$\frac{\partial f}{\partial \overline{z}}(z) = 0 \ (z \in \Omega)$$

が成り立つことである. このとき次が成り立つ.

$$\frac{\partial f}{\partial z}(z) = f'(z) \ (z \in \Omega)$$

以下本節では, 少し長くなるがこの定理の証明をする.

この定理は微分積分で学んだ実 2 変数の実数値関数の平均値の定理を用いて証明することができる. まず実 2 変数関数の平均値の定理を復習しておこう. $r > 0$ と, $(x_0, y_0) \in \mathbf{R}^2$ に対して $\mathbf{R}^2$ 内の開円板を

$$D_{\mathbf{R}}((x_0, y_0), r) = \left\{ (x, y) \in \mathbf{R}^2 : \sqrt{(x - x_0)^2 + (y - y_0)^2} < r \right\}$$

とおく.

| 定理 2.9 | 平均値の定理

$\psi(x, y)$ を開集合 $U \subset \mathbf{R}^2$ 上の C^1 級の実数値関数であるとする. $(x_0, y_0) \in U$ とし, 十分小さな $r > 0$ を $D_{\mathbf{R}}((x_0, y_0), r) \subset U$ となるようにとる. このとき, $(x_0 + \xi, y_0 + \eta) \in D_{\mathbf{R}}((x_0, y_0), r)$ であれば,

$$\varphi(x_0 + \xi, y_0 + \eta)$$
$$= \varphi(x_0, y_0) + \left(\xi \frac{\partial}{\partial x} + \eta \frac{\partial}{\partial y} \right) \varphi(x_0 + \theta\xi, y_0 + \theta\eta)$$

をみたす $0 < \theta < 1$ が存在する[5].

この定理を使うと，次のことが示せる.

補題 2.10

$\varphi(x, y)$, $D_{\boldsymbol{R}}((x_0, y_0), r)$ を前定理で定めたものとする. $(x_0 + \xi, y_0 + \eta) \in D_{\boldsymbol{R}}((x_0, y_0), r)$ をみたす ξ, η に対して

$$\kappa_\varphi(\xi, \eta) = \varphi(x_0 + \xi, y_0 + \eta) - \varphi(x_0, y_0)$$
$$- \left(\xi \frac{\partial}{\partial x} + \eta \frac{\partial}{\partial y} \right) \varphi(x_0, y_0)$$

とおく. このとき

$$\lim_{\xi^2 + \eta^2 > 0, \, \xi, \eta \to 0} \frac{|\kappa_\varphi(\xi, \eta)|}{\sqrt{\xi^2 + \eta^2}} = 0 \tag{2.9}$$

が成り立つ.

[証明] $\delta = \sqrt{\xi^2 + \eta^2}$ とおく. 定理 2.9 と $\kappa_\varphi(\xi, \eta)$ の定義より，

---

5) たとえば入江 [4, p.110, 定理 6] 参照.

$$\frac{\kappa_\varphi(\xi, \eta)}{\delta} = \frac{1}{\delta} \left(\varphi(x_0 + \xi, y_0 + \eta) - \varphi(x_0, y_0) \right)$$
$$- \frac{1}{\delta} \left(\xi \frac{\partial}{\partial x} + \eta \frac{\partial}{\partial y} \right) \varphi(x_0, y_0)$$
$$= \frac{1}{\delta} \left(\xi \frac{\partial}{\partial x} + \eta \frac{\partial}{\partial y} \right) \varphi(x_0 + \theta\xi, y_0 + \theta\eta)$$
$$- \frac{1}{\delta} \left(\xi \frac{\partial}{\partial x} + \eta \frac{\partial}{\partial y} \right) \varphi(x_0, y_0)$$
$$= \frac{\xi}{\delta} \left\{ \varphi_x(x_0 + \theta\xi, y_0 + \theta\eta) - \varphi_x(x_0, y_0) \right\}$$
$$+ \frac{\eta}{\delta} \left\{ \varphi_y(x_0 + \theta\xi, y_0 + \theta\eta) - \varphi_y(x_0, y_0) \right\}.$$

ここで $\dfrac{|\xi|}{\delta}, \dfrac{|\eta|}{\delta} \leq 1$ に注意すれば，上式より次を得る.

$$\frac{|\kappa_\varphi(\xi, \eta)|}{\delta} \leq |\varphi_x(x_0 + \theta\xi, y_0 + \theta\eta) - \varphi_x(x_0, y_0)|$$
$$+ |\varphi_y(x_0 + \theta\xi, y_0 + \theta\eta) - \varphi_y(x_0, y_0)|.$$

ところで，$0 < \theta < 1$ であるので，$\delta \to 0$ ならば

$$|\theta\xi| \leq |\xi| \leq \delta \to 0, \ |\theta\eta| \leq |\eta| \leq \delta \to 0$$

であるから，φ_x と φ_y の連続性より

$$|\varphi_x(x_0 + \theta\xi, y_0 + \theta\eta) - \varphi_x(x_0, y_0)| \to 0,$$
$$|\varphi_y(x_0 + \theta\xi, y_0 + \theta\eta) - \varphi_y(x_0, y_0)| \to 0$$

である．よって (2.9) が証明された. $\qquad\qquad\square$

いま $f(z)$ を $\boldsymbol{C}$ 内の開集合 Ω 上で定義された C^1 級関数である とする．$z_0 \in \Omega$ とし，$r > 0$ を $D(z_0, r) \subset \Omega$ となるようにとる. このとき，$|h| < r$ なる複素数 h に対して

$$\eta_f(h) = f(z_0 + h) - f(z_0) - \left(h \frac{\partial}{\partial z} + \overline{h} \frac{\partial}{\partial \overline{z}} \right) f(z_0) \quad (2.10)$$

36　第 2 章　複素関数と正則関数

と定める．これに対して次の定理を証明する．じつは，定理 2.8 は
次の定理から容易に導くことができる．

定理 2.11

$f(z)$ を $\boldsymbol{C}$ 内の開集合 Ω 上で定義された C^1 級関数であると
する．(2.10) の $\eta_f(h)$ は

$$f(z_0 + h) - f(z_0) = \left(h \frac{\partial}{\partial z} + \overline{h} \frac{\partial}{\partial \overline{z}} \right) f(z_0) + \eta_f(h)$$

および

$$\lim_{h \in \boldsymbol{C}, \, h \neq 0, h \to 0} \frac{|\eta_f(h)|}{|h|} = 0$$

をみたしている．

[定理 2.11 の証明]　前半の主張は明らかであるから後半の主張を示
す．

$h = \xi + i\eta \ (\xi, \eta \in \boldsymbol{R})$ とおく．(2.6) より

$$
\begin{aligned}
h \frac{\partial}{\partial z} + \overline{h} \frac{\partial}{\partial \overline{z}} &= (\xi + i\eta) \frac{\partial}{\partial z} + (\xi - i\eta) \frac{\partial}{\partial \overline{z}} \\
&= \xi \left(\frac{\partial}{\partial z} + \frac{\partial}{\partial \overline{z}} \right) + i\eta \left(\frac{\partial}{\partial z} - \frac{\partial}{\partial \overline{z}} \right) \\
&= \xi \frac{\partial}{\partial x} + \eta \frac{\partial}{\partial y}.
\end{aligned}
$$

したがって，

$$
\begin{aligned}
\eta_f(h) &= f(z_0 + h) - f(z_0) - \left(\xi \frac{\partial}{\partial x} + \eta \frac{\partial}{\partial y} \right) f(z_0) \\
&= u(x_0 + \xi, y_0 + \eta) - u(x_0, y_0) - \left(\xi \frac{\partial}{\partial x} + \eta \frac{\partial}{\partial y} \right) u(x_0, y_0) \\
&\quad + i \left\{ v(x_0 + \xi, y_0 + \eta) - v(x_0, y_0) - \left(\xi \frac{\partial}{\partial x} + \eta \frac{\partial}{\partial y} \right) v(x_0, y_0) \right\} \\
&= \kappa_u(\xi, \eta) + i\kappa_v(\xi, \eta).
\end{aligned}
$$

ゆえに補題 2.10 より，$|h| = \sqrt{\xi^2 + \eta^2} \to 0$ のとき

$$\frac{|\eta_f(h)|}{|h|} \le \frac{|\kappa_u(\xi, \eta)| + |\kappa_v(\xi, \eta)|}{\sqrt{\xi^2 + \eta^2}} \to 0$$

である．よって定理が証明された． $\square$

　以上の準備のもとに，目的の定理 2.8 を証明する．

[定理 2.8 の証明]　定理 2.11 より

$$\frac{f(z_0 + h) - f(z_0)}{h} = \frac{\partial f}{\partial z}(z_0) + \frac{\overline{h}}{h} \frac{\partial f}{\partial \overline{z}}(z_0) + \frac{\eta_f(h)}{h} \qquad (2.11)$$

である．まず (1) の十分性の部分を示す．$\dfrac{\partial f}{\partial \overline{z}}(z_0) = 0$ とする．この
とき

$$\frac{f(z_0 + h) - f(z_0)}{h} = \frac{\partial f}{\partial z}(z_0) + \frac{\eta_f(h)}{h} \to \frac{\partial f}{\partial z}(z_0) \ (h \to 0) \ (2.12)$$

となる．したがって，f は z_0 で複素微分可能で，

$$f'(z_0) = \frac{\partial f}{\partial z}(z_0)$$

となることもわかる．次に (1) の必要性の部分を示す．f が z_0 で複
素微分可能であるとする．$h_n = \dfrac{1}{n}$ を考えれば，(2.11) より

$$f'(z_0) = \lim_{n \to \infty} \frac{f(z_0 + h_n) - f(z_0)}{h_n} = \frac{\partial f}{\partial z}(z_0) + \frac{\partial f}{\partial \overline{z}}(z_0)$$

である．一方，$k_n = \dfrac{i}{n}$ を考えれば

$$f'(z_0) = \lim_{n \to \infty} \frac{f(z_0 + k_n) - f(z_0)}{k_n} = \frac{\partial f}{\partial z}(z_0) - \frac{\partial f}{\partial \overline{z}}(z_0)$$

となる．両式が成り立つには $\dfrac{\partial f}{\partial \overline{z}}(z_0) = 0$ でなければならない．

　以上の証明から (2) も得られる．(3) は (1) より明らかである． $\square$

38　第2章　複素関数と正則関数

注意 2.12　f が z_0 で複素微分可能ならば $f'(z_0)$ が存在する．一方 $\dfrac{\partial f}{\partial z}(z_0)$ は f が z_0 で複素微分可能でなくとも，x と y に関する偏微分が存在すれば定義される．つまり，$\dfrac{\partial f}{\partial z}(z_0)$ が存在したからといって複素微分可能であるとは限らない．この点は注意してほしい．

問題 2.3　$f(z) = |z|^2$ とする．

$$\frac{\partial f}{\partial z}(z), \ \frac{\partial f}{\partial \overline{z}}(z) \tag{2.13}$$

を求め，注意 2.12 を確かめよ．

2.4　コーシー・リーマンの関係式（実変数版）

後の議論で必要になるので，(2.7) の条件を $u = \operatorname{Re} f$, $v = \operatorname{Im} f$ を使って記述しておく．

$$\begin{aligned}
2\frac{\partial f}{\partial \overline{z}} &= \left(\frac{\partial}{\partial x} - \frac{1}{i}\frac{\partial}{\partial y} \right)(u + iv) \\
&= \left(\frac{\partial u}{\partial x} + i\frac{\partial v}{\partial x} - \frac{1}{i}\frac{\partial u}{\partial y} - \frac{1}{i}i\frac{\partial v}{\partial y} \right) \\
&= \left(\frac{\partial u}{\partial x} - \frac{\partial v}{\partial y} \right) + i\left(\frac{\partial u}{\partial y} + \frac{\partial v}{\partial x} \right).
\end{aligned}$$

したがって，$\dfrac{\partial f}{\partial \overline{z}}(z) = 0$ となる必要十分条件は，最後の項の実部と虚部が 0 になることであるから，

$$\frac{\partial u}{\partial x}(x, y) = \frac{\partial v}{\partial y}(x, y), \quad \frac{\partial u}{\partial y}(x, y) = -\frac{\partial v}{\partial x}(x, y) \tag{2.14}$$

である．この関係式はコーシー・リーマンの関係式と呼ばれている．

2.4 コーシー・リーマンの関係式（実変数版）　39

　これまでに得られた結果をまとめておこう．これは正則関数の特徴づけを与えている．

定理 2.13　**（重要）**

　f を $\boldsymbol{C}$ 内の開集合 Ω 上の複素関数とする．次の (i) ～ (iii) は互いに同値である．

(i) f は Ω 上で正則である．

(ii) f は Ω 上の C^1 級関数で，

$$\frac{\partial f}{\partial \bar{z}}(z) = 0 \quad (z \in \Omega).$$

(iii) f は Ω 上の C^1 級関数で，$u = \operatorname{Re} f$, $v = \operatorname{Im} f$ とすると，Ω の各点 $z = x + iy$ でコーシー・リーマンの関係式

$$\frac{\partial u}{\partial x} = \frac{\partial v}{\partial y}, \; \frac{\partial u}{\partial y} = -\frac{\partial v}{\partial x}$$

をみたしている．

　なお，f が Ω 上で正則ならば

$$f'(z) = \frac{\partial f}{\partial z}(z) \quad (z \in \Omega)$$

が成り立つ．

［証明］　(1) と (2) の同値性，及び最後の主張は定理 2.8 による．(2) と (3) の同値性はこの定理の直前に述べた考察による．　　　□

問題 2.4　コーシー・リーマンの関係式を用いて，$f(z) = z$ が正則であり，$g(z) = \bar{z}$ が正則でないことを示せ．

問題 2.5　$f = u + iv$ が複素微分可能であるとき，次を示せ．

$$f'(z) = 2\frac{\partial u}{\partial z}(z) = 2i\frac{\partial v}{\partial z}(z),$$

$$\left|f'\right|^2 = u_x^2 + u_y^2 = v_x^2 + v_y^2.$$

2.5 正則関数の基本的な性質

f, g を集合 $E \subset \boldsymbol{C}$ 上で定義された複素関数，$a, b \in \boldsymbol{C}$ とする．このとき

$$af + bg : E \ni z \longmapsto af(z) + bg(z) \in \boldsymbol{C},$$

$$fg : E \ni z \longmapsto f(z)g(z) \in \boldsymbol{C}$$

により E 上の複素関数 $af + bg$, fg を定義する．

偏微分 $\dfrac{\partial}{\partial z}$, $\dfrac{\partial}{\partial \bar{z}}$ について，$\dfrac{\partial}{\partial x}$, $\dfrac{\partial}{\partial y}$ と同様に次のことが成り立つ．

定理 2.14

f, g を $\boldsymbol{C}$ 内の開集合 Ω 上の C^1 級の複素関数であるとする．$a, b \in \boldsymbol{C}$ とする．

(1) $\dfrac{\partial}{\partial z}(af + bg) = a\dfrac{\partial f}{\partial z} + b\dfrac{\partial g}{\partial z}$, $\dfrac{\partial}{\partial \bar{z}}(af + bg) = a\dfrac{\partial f}{\partial \bar{z}} + b\dfrac{\partial g}{\partial \bar{z}}$.

(2) $\dfrac{\partial}{\partial z}(fg) = \dfrac{\partial f}{\partial z}g + f\dfrac{\partial g}{\partial z}$, $\dfrac{\partial}{\partial \bar{z}}(fg) = \dfrac{\partial f}{\partial \bar{z}}g + f\dfrac{\partial g}{\partial \bar{z}}$.

(3) $g(z) \neq 0$ とすると

$$\frac{\partial}{\partial z}\left(\frac{f}{g}\right)(z) = \frac{\dfrac{\partial f}{\partial z}(z)g(z) - f(z)\dfrac{\partial g}{\partial z}(z)}{g(z)^2},$$

$$\frac{\partial}{\partial \overline{z}}\left(\frac{f}{g}\right)(z) = \frac{\dfrac{\partial f}{\partial \overline{z}}(z)g(z) - f(z)\dfrac{\partial g}{\partial \overline{z}}(z)}{g(z)^2}.$$

[証明]　(1) は明らか. (2)

$$2\frac{\partial}{\partial z}(fg) = \frac{\partial}{\partial x}(fg) + \frac{1}{i}\frac{\partial}{\partial y}(fg) = f_x g + f g_x + \frac{1}{i}f_y g + \frac{1}{i}f g_y$$

$$= \left(f_x + \frac{1}{i}f_y\right)g + f\left(g_x + \frac{1}{i}g_y\right) = 2\frac{\partial f}{\partial z}g + 2f\frac{\partial g}{\partial z}.$$

他の計算も同様. (3) は読者に委ねる. □

定理 2.14 より次のことがわかる.

定理 2.15

Ω を $\boldsymbol{C}$ 内の開集合とし, f, g, h (ただし $h(z) \neq 0, z \in \Omega$) を Ω 上の正則関数とする. このとき,

$$f + g, \quad fg, \quad \frac{1}{h}$$

は Ω 上の正則関数である.

この定理と z が正則関数であることから, 次のような関数も正則であることがわかる.

例 2.16

(1) 複素数 $a_0, \ldots, a_n$ を係数とする z の多項式

$$f(z) = a_n z^n + a_{n-1} z^{n-1} + \cdots + a_1 z + a_0$$

は整関数である.

(2) $c_1, \ldots, c_n \in \boldsymbol{C}$ とし,

$$\Omega = \{z \in \boldsymbol{C} : z \neq c_1, \ldots, z \neq c_n\}$$

とする. このとき

$$f(z) = \frac{1}{(z - c_1) \cdots (z - c_n)}$$

は Ω 上の正則関数である. また, $a_0, \ldots, a_n$ を複素数とすると

$$f(z) = \frac{a_n z^n + a_{n-1} z^{n-1} + \cdots + a_1 z + a_0}{(z - c_1) \cdots (z - c_n)}$$

も Ω 上の正則関数である.

次の関数は重要な正則関数の一つである.

例 2.17

$z = x + iy$ とするとき,

$$\exp(z) = e^x(\cos y + i \sin y)$$

と定義する. このとき, $\exp$ は整関数である. 特に $z = x \in \boldsymbol{R}$ の場合は, $\exp(x) = \exp(x + i0) = e^x$ となっている. $\exp(z)$ を**複素指数関数**という[6].

---

6) 第 6.1 節で

$$e^z = \sum_{n=0}^{\infty} \frac{z^n}{n!}$$

により関数 e^z を定義する. 後で示すように $\exp(z) = e^z$ となっている.

2.5 正則関数の基本的な性質 43

[解説] $u(x,y) = \operatorname{Re} \exp(x + iy)$, $v(x,y) = \operatorname{Im} \exp(x + iy)$ とする
と,

$$u(x,y) = e^x \cos y, \ v(x,y) = e^x \sin y$$

である. ゆえに $\exp(z)$ は C^1 級関数であり,

$$\frac{\partial u}{\partial x} = e^x \cos y = \frac{\partial v}{\partial y},$$
$$\frac{\partial u}{\partial y} = -e^x \sin y = -\frac{\partial v}{\partial x}$$

であるから, コーシー・リーマンの関係式が成り立つ. ゆえに $\exp(z)$
は C 上で正則である. □

問題 2.6 次のことを示せ.

(1) $\exp(z + w) = \exp(z) \exp(w)$ $(z, w \in C)$.

(2) $\exp(z) \neq 0$ かつ $\exp(-z) = \dfrac{1}{\exp(z)}$ を示せ.

(3) $\dfrac{\partial}{\partial z} \exp(z) = \exp(z)$.

次に示すように, 正則関数と正則関数の合成関数も正則になる.

定理 2.18

Ω, $\Omega' \subset C$ を開集合とする. f を Ω 上の正則関数で, その
値域が Ω' に含まれているとする. g を Ω' 上の正則関数とす
る. このとき合成関数

$$g \circ f(z) = g(f(z)) \ (z \in \Omega)$$

は Ω 上の正則関数で,

44　第 2 章　複素関数と正則関数

$$(g \circ f)'(z) = g'(f(z))f'(z)$$

が成り立つ.

[証明]　複素関数 $f(z)$ は $u(x,y) = \mathrm{Re}\, f(x+iy)$, $v(x,y) = \mathrm{Im}\, f(x+iy)$ とすると, (x,y) に $(u(x,y), v(x,y))$ を対応させる $\Omega_{\boldsymbol{R}}$ から $\Omega'_{\boldsymbol{R}}$ への写像とみなすことができる. g も同様にして $\Omega'_{\boldsymbol{R}}$ から $\boldsymbol{R}^2$ への写像とみなせる. $g \circ f$ が C^1 級であることは, 実変数の C^1 級写像の合成写像が C^1 級であるという微分積分の定理からわかる[7]. 次に $g \circ f$ の正則性を示す. $z \in \Omega$ を任意にとる. $w = f(z)$ とおく.

$$G(w') = \begin{cases} \dfrac{g(w') - g(w)}{w' - w} & w' \neq w \\ g'(w) & w' = w \end{cases} \quad (w' \in \Omega')$$

と定義する. g は正則であるから, $w' \to w$ のとき, $G(w') \to G(w)$ が成り立っている. さらに

$$g(w') - g(w) = G(w')(w' - w)$$

も成り立っている. $z' \neq z$ なる z' に対して, $w' = f(z')$ とおくと, $\lim_{z' \to z} w' = f(z) = w$ であるから

$$\frac{g(f(z')) - g(f(z))}{z' - z} = \frac{g(w') - g(w)}{z' - z} = \frac{G(f(z'))(w' - w)}{z' - z}$$

$$= G(w')\frac{f(z') - f(z)}{z' - z}$$

$$\to G(w)f'(z) \quad (z' \to z)$$

が得られる. ゆえに $g \circ f$ は複素微分可能で, $G(w) = g'(w)$ であるから $(g \circ f)'(z) = g'(f(z))f'(z)$ である. これより $(g \circ f)'$ の連続性も得

---

7)　微分積分の本を参照. 例えば入江他 [4, pp.318-319] 参照.

られ，$g \circ f$ が正則であることも示された． □

この定理と例 2.16，例 2.17 より次のことがわかる．

例 2.19

$a_0, \ldots, a_n \in \mathbf{C}$ とする．

$$f(z) = \exp(a_n z^n + \cdots + a_1 z + a_0)$$

は整関数である．また，

$$f(z) = \exp\left(\frac{1}{z}\right)$$

は $\{z \in \mathbf{C} : z \neq 0\}$ 上で正則である．

第3章

双正則写像と いくつかの例

　正則関数は，複素平面から複素平面への写像とみなすことができる．特に正則関数 f が逆関数 f^{-1} をもち，それも正則であるとき，f を双正則写像という．複素解析では，双正則写像により複素平面の図形がどのような図形に変換されるかが興味深い問題となる．本章では，双正則写像のうち，最も基本的な 1 次分数変換とジューコフスキー変換について学ぶ．

48 第 3 章 双正則写像といくつかの例

3.1 双正則写像

一般に集合 A から集合 B への写像 f に対して，f が A から B への全射であるとは

$$\{f(z) : z \in A\} = B$$

をみたすことである．また f が A から B への**単射**であるとは

$$f(z) = f(z') \text{ ならば } z = z'$$

をみたすことである．特に f が A から B への全射であり，かつ単射であるとき，**全単射**であるという．

f が A から B への全単射であるとする．このとき，全射であることより $w \in B$ に対して $f(z) = w$ なる $z \in A$ の存在がわかる．さらに単射であることから，このような z が一意的に存在することもわかる．そこでこの z を $f^{-1}(w)$ で表し，w に $f^{-1}(w)$ を対応させる写像を f の**逆写像**といい，f^{-1} と表わす．明らかに

$$f^{-1}(f(z)) = z,$$
$$f\left(f^{-1}(w)\right) = w$$

が成り立っている．

定義 3.1

Ω, Ω' を $\boldsymbol{C}$ 内の開集合とする．写像 $f : \Omega \to \Omega'$ が全単射であり，f が Ω 上で正則であり，かつ逆写像 f^{-1} が Ω' 上で正則であるとき，f を Ω から Ω' への**双正則写像**という．このような双正則写像が存在するとき，Ω と Ω' は**双正則**であるという．

---

f が双正則写像であるとき，$f^{-1}(f(z)) = z$ であるから，両辺複素微分すると定理 2.18 より

$$(f^{-1})'(f(z))f'(z) = 1$$

である．したがって，

$$f'(z) \neq 0 \quad (z \in \Omega)$$

が成り立っている．逆に次のことが成り立つ．

定理 3.2

Ω, Ω' を $\boldsymbol{C}$ 内の開集合とする．f を Ω から Ω' への全単射であり，かつ正則であるとする．$f'(z) \neq 0 \ (z \in \Omega)$ ならば f は双正則写像である．

[証明] $z = x + iy, f = u + iv$ とすれば，f は (x,y) に $(u(x,y), v(x,y))$ を対応させる $\Omega_{\boldsymbol{R}} \subset \boldsymbol{R}^2$ から $\Omega'_{\boldsymbol{R}} \subset \boldsymbol{R}^2$ への写像とみなすことができる．この写像のヤコビアンは，コーシー・リーマンの関係式から

$$\det \begin{pmatrix} u_x(x,y) & u_y(x,y) \\ v_x(x,y) & v_y(x,y) \end{pmatrix} = u_x(x,y)v_y(x,y) - u_y(x,y)v_x(x,y)$$
$$= u_x^2(x,y) + u_y^2(x,y)$$
$$= \left| f'(z) \right|^2 \neq 0$$

（最後の等号は問題 2.5 による）．したがって微分積分で学んだ逆写像定理[1] より，f^{-1} が C^1 級であることがわかる．

また，$w, w_0 \in \Omega'$ に対して，$z = f^{-1}(w), z_0 = f^{-1}(w_0)$ とおくと，

---
1) たとえば入江他 [4, p.320, 定理 2] 参照.

50　第 3 章　双正則写像といくつかの例

f 及び f^{-1} が連続であることから，$w \to w_0$ と $z \to z_0$ は同値であり，

$$\lim_{w \to w_0} \frac{f^{-1}(w) - f^{-1}(w_0)}{w - w_0} = \lim_{z \to z_0} \frac{z - z_0}{f(z) - f(z_0)} = \lim_{z \to z_0} \frac{1}{\dfrac{f(z) - f(z_0)}{z - z_0}}$$

$$= \frac{1}{f'(z_0)}.$$

ゆえに f^{-1} は Ω' の各点 w_0 で複素微分可能である．よって Ω' で正則である． □

注意 3.3　f が全射で，$f'(z) \neq 0$ $(z \in \Omega)$ でも単射とは限らない．たとえば，$\Omega = \Omega' = D(0,1) \smallsetminus \{0\}$ とし，$f(z) = z^2$ を考えよ．なお，正則な全単射は双正則であることが知られている．

　以下では双正則写像の有用な具体例をいくつか述べる．

3.2　1 次分数変換

　$a, b, c, d \in \boldsymbol{C}$ であり，$ad - bc \neq 0$ をみたすものとする．このとき 1 次分数変換は次のように定義される関数である．

$$f(z) = \frac{az + b}{cz + d}. \tag{3.1}$$

この変換は単純な形をした関数であるが，複素解析のさまざまな場面に現れる．まずこの変換がどのような幾何学的な意味をもつかを見ておく．

　はじめに $c = 0, ad \neq 0$ の場合を考える．この場合，

$$f(z) = \frac{a}{d}z + \frac{b}{d}$$

である．したがってこの関数は

$$\psi_1(z) = \frac{a}{d}z \ \ \text{と} \ \ \psi_2(z) = z + \frac{b}{d}$$

の合成 $\psi_2 \circ \psi_1$ とみなせる．ψ_1 は $\left|\dfrac{a}{d}\right|$ 倍して，$\arg \dfrac{a}{d}$ 回転する変換で（これを相似変換という），ψ_2 は平行移動を表している．

次に $c \neq 0$ の場合を考えよう．この場合

$$f(z) = \frac{\dfrac{a}{c}(cz+d) - \dfrac{ad}{c} + b}{cz+d} = \frac{a}{c} - \frac{1}{c^2}\frac{ad - bc}{z + \dfrac{d}{c}}$$

と表せる．したがって

$$\varphi_1(z) = z + \frac{d}{c}, \quad \varphi_2(z) = \frac{1}{z},$$
$$\varphi_3(z) = \frac{bc - ad}{c^2}z, \quad \varphi_4(z) = z + \frac{a}{c}$$

とおくと，

$$f = \varphi_4 \circ \varphi_3 \circ \varphi_2 \circ \varphi_1$$

となっている．これらの写像の幾何的な意味は，φ_1 と φ_4 は平行移動，φ_3 は相似変換である．φ_2 については第 1.2 節で述べた．

問題3.1 1次分数変換 (3.1) で，$c \neq 0$ の場合，複素平面上の原点を通らない円は円に写ることを示せ．原点を通らない直線の像は何か？

52　第 3 章　双正則写像といくつかの例

3.3　単位円を単位円に写す 1 次分数変換

$a \in D(0, 1)$, $\theta \in [0, 2\pi)$ に対して,

$$\varphi(z) = e^{i\theta} \frac{z - a}{1 - \bar{a}z} \tag{3.2}$$

とする. φ は $a = 0$ ならば整関数であり, $a \neq 0$ ならば $\dfrac{1}{a} \notin \Delta(0, 1)$ であるから, φ は $\Delta(0, 1)$ 上で連続かつ $D(0, 1)$ 上で正則である.

定理 3.4

(3.2) で定義される φ は $D(0, 1)$ から $D(0, 1)$ への双正則写像で, 円周 $C(0, 1)$ を円周 $C(0, 1)$ に写し, a は 0 に写す.

[証明]　$\varphi(a) = 0$ は明らか. $w = \varphi(z)$ とする.

$$\begin{aligned}
1 - |w|^2 &= 1 - \left| \frac{z - a}{1 - \bar{a}z} \right|^2 = \frac{|1 - \bar{a}z|^2 - |z - a|^2}{|1 - \bar{a}z|^2} \\
&= \frac{1 + |a|^2 |z|^2 - 2\operatorname{Re}(\bar{a}z) - |z|^2 + 2\operatorname{Re}(z\bar{a}) - |a|^2}{|1 - \bar{a}z|^2} \\
&= \frac{1 + |a|^2 |z|^2 - |z|^2 - |a|^2}{|1 - \bar{a}z|^2} \\
&= \frac{1 - |a|^2}{|1 - \bar{a}z|^2} (1 - |z|^2).
\end{aligned}$$

ゆえに $1 - |w|^2 > 0$ であるための必要十分条件は $1 - |z|^2 > 0$ である. したがって $|w| < 1$ であるための必要十分条件は $|z| < 1$ である. 上の等式より $|w| = 1$ であるための必要十分条件は $|z| = 1$ であることもわかる. さて, $|w| \leq 1$ のとき, 方程式 $w = \varphi(z)$ は解けて,

$$z = \frac{a + e^{-i\theta}w}{1 + e^{-i\theta}\bar{a}w}$$

3.4 単位円を上半平面に写す 1 次分数変換 53

である. 以上のことから φ は $\Delta(0,1)$ から $\Delta(0,1)$ への全単射である
ことが示される. さらに

$$\varphi^{-1}(w) = \frac{a + e^{-i\theta}w}{1 + e^{-i\theta}\overline{a}w}$$

は明らかに $D(0,1)$ 上で正則である. □

問題 3.2 $s \in D(0,1)$ に対して

$$\varphi_s(z) = \frac{z-s}{1-\overline{s}z}$$

とおく. $a,b \in D(0,1)$ に対して $c = \dfrac{a+b}{1+a\overline{b}}$ とおく. $c \in D(0,1)$ で
あり,

$$\varphi_a \circ \varphi_b = \alpha\varphi_c \quad (\text{ただし } \alpha \text{ は } |\alpha| = 1 \text{ なる複素数})$$

であることを示せ.

3.4 単位円を上半平面に写す 1 次分数変換

上半平面とは, $U = \{z \in \boldsymbol{C} : \mathrm{Im}\, z > 0\}$ である. $z \in D(0,1)$ に
対して

$$\varphi(z) = i\frac{1-z}{1+z} \tag{3.3}$$

とする.

定理 3.5

(3.3) で定義される φ は $D(0,1)$ から U への双正則写像で,
0 を i に写し, $C(0,1) \smallsetminus \{-1\}$ を $\boldsymbol{R}$ に写す($C(0,1)$ の定義は

54 第3章 双正則写像といくつかの例

(1.7) 参照).

[証明] $-1 \notin D(0,1)$ であるから，$\varphi(z)$ は $D(0,1)$ 上で正則である．
$z \in D(0,1)$ に対して

$$\varphi(z) = i\frac{1-z}{1+z} = i\frac{(1-z)(1+\overline{z})}{(1+z)\overline{(1+z)}} = i\frac{1-|z|^2 - z + \overline{z}}{|1+z|^2}$$
$$= \frac{i(1-|z|^2) + 2\operatorname{Im} z}{|1+z|^2}.$$

したがって，$\operatorname{Im}\varphi(z) > 0$ であるための必要十分条件は $1 - |z|^2 > 0$，
すなわち $|z| < 1$ である．また，$|z| = 1$ かつ $z \neq -1$ ならば

$$\varphi(z) = \frac{2\operatorname{Im} z}{|1+z|^2} \in \boldsymbol{R}$$

である．また，$w = \varphi(z)$ とすると，

$$\varphi^{-1}(w) = z = \frac{i-w}{i+w}$$

であり，これは U 上で正則である．ゆえに φ は $D(0,1)$ から U への
双正則写像である． $\square$

3.5 上半平面を上半平面に写す1次分数変換

$a,b,c,d \in \boldsymbol{R}$ とし，$ad - bc > 0$ とする．

$$\varphi(z) = \frac{az+b}{cz+d} \tag{3.4}$$

とする．

3.5 上半平面を上半平面に写す 1 次分数変換 　55

定理 3.6

(3.4) で定義される φ は上半平面 U から U への双正則写像である. また φ は実軸 $\boldsymbol{R} = \{z \in \boldsymbol{C} : \operatorname{Im} z = 0\}$ を $\boldsymbol{R}$ に写す.

[証明] $c \neq 0$ の場合を示す. このとき $\dfrac{-d}{c} \notin U$ であるから, φ は U 上の正則関数である. $z = x + iy$ とすると

$$
\begin{aligned}
w &= \frac{az+b}{cz+d} = \frac{ax+b+iay}{cx+d+icy} = \frac{(ax+b+iay)(cx+d-icy)}{(cx+d)^2 + c^2 y^2} \\
&= \frac{ac\,(x^2+y^2) + (ad+bc)\,x + bd + i\,(ad-bc)\,y}{(cx+d)^2 + c^2 y^2}
\end{aligned}
$$

より

$$
\operatorname{Im} w = \frac{(ad-bc)\,y}{(cx+d)^2 + c^2 y^2}.
$$

ゆえに $\operatorname{Im} w > 0$ であるための必要十分条件は $\operatorname{Im} z = y > 0$ である. また $\operatorname{Im} w = 0$ であるための必要十分条件は $\operatorname{Im} z = 0$ である.

$\dfrac{a}{c} \notin U$ であるから, $w \in U$ に対して, $w = \varphi(z)$ は次のように解ける.

$$
\varphi^{-1}(w) = z = -\frac{b-dw}{a-cw}
$$

ゆえに $\varphi^{-1}(w)$ も U 上で正則である. $c = 0$ の場合は明らかである (練習問題とする). 　　　□

56 第3章 双正則写像といくつかの例

3.6 ジューコフスキー変換

$a > 0$, $b > 0$ とする. $\boldsymbol{C} \smallsetminus \{0\}$ 上の正則関数

$$f(z) = \frac{a}{2b}\left(z + \frac{b^2}{z}\right)$$

をジューコフスキー変換という.

定理 3.7

ジューコフスキー変換 f は $\{z \in \boldsymbol{C} : |z| > b\}$ から $\boldsymbol{C} \smallsetminus [-a, a]$ への双正則写像になっている. さらに $C(0, b)$ から $[-a, a]$ への全射である.

[証明] $|z| = b$ の場合, $z' = b^{-1}z$ とすると, $|z'| = 1$ であるから,

$$f(z) = \frac{a}{2}\left(z' + \frac{1}{z'}\right) = \frac{a}{2}(z' + \overline{z'}) = \frac{a}{b}\operatorname{Re}z.$$

ゆえに $C(0, b)$ の像は実軸上の閉区間 $[-a, a]$ である. $|z| = r > b$ の像を求める. $z = re^{i\theta}$ に対して $w = f(z)$ とし, $u = \operatorname{Re}f(z)$, $v = \operatorname{Im}f(z)$ とする. このとき,

$$\begin{aligned}
u + iv &= \frac{a}{2b}\left(r\cos\theta + ir\sin\theta + \frac{b^2}{r}\frac{1}{\cos\theta + i\sin\theta}\right) \\
&= \frac{a}{2b}\left(r\cos\theta + ir\sin\theta + \frac{b^2}{r}(\cos\theta - i\sin\theta)\right) \\
&= \frac{a}{2b}\left(r + \frac{b^2}{r}\right)\cos\theta + i\frac{a}{2b}\left(r - \frac{b^2}{r}\right)\sin\theta.
\end{aligned}$$

ゆえに

$$\frac{u^2}{\dfrac{a^2}{4b^2}\left(r+\dfrac{b^2}{r}\right)^2} + \frac{v^2}{\dfrac{a^2}{4b^2}\left(r-\dfrac{b^2}{r}\right)^2} = \cos^2\theta + \sin^2\theta = 1 \quad (3.5)$$

である.z が $C(0,r)$ 上を反時計回りに1周すると,w は反時計回りに楕円 (3.5) 上を1周する.$b<r\to+\infty$ とすると,$\dfrac{a}{2b}\left(r+\dfrac{b^2}{r}\right)$ と $\dfrac{a}{2b}\left(r-\dfrac{b^2}{r}\right)$ はそれぞれ a から $+\infty$, 0 から $+\infty$ に連続的に狭義単調増加している.このことから,f は $\{z\in\boldsymbol{C}:|z|>b\}$ から $\boldsymbol{C}\smallsetminus[-a,a]$ への全単射であることがわかる.さらに

$$f'(z) = \frac{a}{2bz^2}\left(z^2-b^2\right) \neq 0$$

であるから,定理 3.2 より f は双正則写像になっている.□

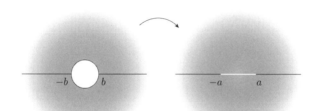

図 3-1 ジューコフスキー変換は閉円板の補集合を実軸上の線分の補集合に写す.

問題 3.3 ジューコフスキー変換は,$\{z\in\boldsymbol{C}:|z|>b,\,\mathrm{Im}\,z>0\}$ から上半平面 $\{z\in\boldsymbol{C}:\mathrm{Im}\,z>0\}$ へ,また $\{z\in\boldsymbol{C}:|z|>b,\,\mathrm{Im}\,z<0\}$ から下半平面 $\{z\in\boldsymbol{C}:\mathrm{Im}\,z<0\}$ への双正則写像であることを示せ.

第 **4** 章

コーシーの定理と
コーシーの積分公式

　複素関数論において基本中の基本をなす定理が，コーシーの
定理とコーシーの積分公式である．これらから正則関数の数々
の面白い結果が導き出されていく．ここでは，まずコーシーの
定理，コーシーの積分公式を記述するのに必要な複素積分を解
説する．次に，微積分で学ぶグリーンの公式を使ってこれらの
定理を証明する（グリーンの公式の証明は本書の付録にある）．

60　第 4 章　コーシーの定理とコーシーの積分公式

4.1　複素平面内の曲線
....

　まず線積分について述べるために，平面上の曲線について一般的
な事柄を学んでおく.

　$I = [\alpha, \beta] \subset \boldsymbol{R}$ を有界閉区間とし，I 上の実数値連続関数 $x(t)$,
$y(t)$ を考える. このとき,

$$z(t) = x(t) + iy(t) \quad (t \in I)$$

を $\boldsymbol{C}$ 内の連続曲線または（$z(\alpha)$ から $z(\beta)$ に向かう）路といい,

$$C : z(t), \, t \in I$$

あるいは

$$C : z(t) = x(t) + iy(t), \, t \in I$$

などと記す. またはこれを単に連続曲線 C ということもある. $z(\alpha)$
を始点，$z(\beta)$ を終点という. 集合

$$\{z(t) : t \in I\}$$

を連続曲線 C の軌跡という. 記号の簡略化のため本書では C の軌
跡も C で表すことがある. 特にある集合 $E \subset \boldsymbol{C}$ に対して, 連続
曲線 C の軌跡が E に含まれているとき, C を E 内の連続曲線と
いう.

　実数値関数 $h(t)$ が有界閉区間 $I = [\alpha, \beta]$ 上で C^1 級であるとは,
$t \in (\alpha, \beta)$ に関する導関数 $h'(t) = \dfrac{dh}{dt}(t)$ が存在し[1], (a, b) 上で
連続であり, さらに $t = \alpha$ では有限な右側微分, $t = \beta$ では有限

---

1)　曲線のパラメータに関する微分と，複素微分とを同じ記号で表すが，混乱しないよう
　　にしてほしい.

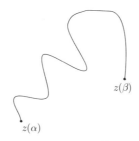

図 4-1 連続曲線.

な左側微分が存在し，それらを $h'(\alpha), h'(\beta)$ と表したとき，h' が I 上で連続になっていることである.

C 内の連続曲線 $C : z(t), t \in I$ で，特に $x(t), y(t)$ が I 上で C^1 級であり，かつ

$$|x'(t)| + |y'(t)| > 0 \quad (t \in I)$$

をみたすものを C^1 級曲線，あるいは C^1 曲線という（$x'(t) = y'(t) = 0$ となるとき，この曲線は t で特異点をもつというが，本書で C^1 級曲線といえば特異点をもたないもののみ考える）.

$\boldsymbol{R}^2$ 内の C^1 級曲線 $(x(t), y(t))$ の接ベクトルは $(x'(t), y'(t))$ であった．そこで C 内 C^1 級曲線 $z(t) = x(t) + iy(t)$ に対しては

$$z'(t) = x'(t) + iy'(t)$$

とし，これを接ベクトルとみなす.

例 4.1

$c \in \boldsymbol{C}$ とし，$r > 0$ とする．$c = a + ib$ とする．$\boldsymbol{R}^2$ 内の点 (a, b) を中心とする半径 r の円周は

$$x(t) = a + r\cos t, \; y(t) = b + r\sin t \; (t \in [0, 2\pi])$$

と表せる．したがって，連続曲線

62   第 4 章　コーシーの定理とコーシーの積分公式

$$C(c,r) : z(t) = x(t) + iy(t) = c + r(\cos t + i \sin t),\ t \in [0, 2\pi]$$
$$(4.1)$$

は中心 c で，半径 r の複素平面内の円周である．ここで

$$|x'(t)| + |y'(t)| = r(|\sin t| + |\cos t|) > 0$$

であるから，$C(c,r)$ は C^1 曲線である．

　以下，本書では $C(c,r)$ と記した場合は特に断りのない限り (4.1) で定義される c を中心として反時計回りの C^1 級曲線を表わすものとする（ただし (1.7) のように $C(c,r)$ の軌跡を $C(c,r)$ で表わすこともある）．

C^1 級曲線だけでなく，たとえば長方形の周や折れ線など，微分可能でない点のある曲線上の複素積分も考えたい．このため区分的に C^1 級曲線を定義しておく．

定義 4.2

　$C : z(t) = x(t) + iy(t),\ t \in I$ を $\boldsymbol{C}$ 内の連続曲線とする．有限個の点

$$\alpha = t_0 < t_1 < \cdots < t_{N-1} < t_N = \beta$$

が存在し，$C_j : z(t) = x(t) + iy(t),\ t \in [t_{j-1}, t_j]\ (j = 1, 2, \ldots, N)$ が C^1 級曲線になっているとき，C を $\boldsymbol{C}$ 内の**区分的に C^1 級曲線**，あるいは C は**区分的に C^1 級**であるという

例 4.3

　$R > 0$ とする．

$$z(t) = \begin{cases} R\left(t - \dfrac{1}{2}\right), & t \in [0,1] \\ \dfrac{R}{2} + i(t-1), & t \in [1,2] \\ R\left(\dfrac{5}{2} - t\right) + i, & t \in [2,3] \\ -\dfrac{R}{2} + i(4-t), & t \in [3,4] \end{cases}$$

により定義される曲線 $C : z(t), t \in [0,4]$ は長方形を表し（図 4-2），区分的に C^1 級曲線となっている．長方形の頂点の部分は微分可能ではない．

図 4-2　区分的な C^1 級曲線．

例 4.3 では複数の直線を接続して長方形を考えた．一般に二つの連続曲線 $C_1 : z(t), t \in [\alpha, \beta]$ と $C_2 : w(t), t \in [\alpha', \beta']$ で，$z(\beta) = w(\alpha')$ なるものに対して，

$$\gamma(t) = \begin{cases} z(t), & t \in [\alpha, \beta] \\ w(t - \beta + \alpha'), & t \in (\beta, \beta + \beta' - \alpha'] \end{cases} \quad \left(t \in [\alpha, \beta + \beta' - \alpha']\right)$$

とすると，$z(\alpha)$ から $w(\beta')$ への連続曲線が作れる．このような操作を本書では便宜上二つの路 C_1 と C_2 を**接続**するといい，

$$C_1 + C_2 : \gamma(t), \ t \in [\alpha, \beta + \beta' - \alpha']$$

64   第4章   コーシーの定理とコーシーの積分公式

と表わす. 同様にして3個以上の路 $C_1, \ldots, C_n$ の接続 $C_1 + \cdots + C_n$ も定義される.

後述の複素積分では, ある連続曲線に沿って逆向きの方向に積分することも考える. そのため逆向きの連続曲線の定義をしておこう. 連続曲線 $C : z(t)$, $t \in [\alpha, \beta]$ に対して, $z^-(t) = z(\alpha + \beta - t)$ とし,

$$C^- : z^-(t), \ t \in [\alpha, \beta]$$

とおく. C^- は始点が $z(\beta)$ であり, 終点が $z(\alpha)$ である. ただし集合としては（軌跡としては）

$$\{z(t); t \in [\alpha, \beta]\} = \{z^-(t) : t \in [\alpha, \beta]\}$$

である. C^- を C の逆向きの連続曲線という.

たとえば $z(t) = c + r(\cos t + i \sin t)$ とすると, $C(c, r) : z(t), t \in [0, 2\pi]$（例 4.1）は中心が c で, 半径が r の円周であり, t が 0 から 2π に動くとき, $z(t)$ は円周上を「反時計回り」に一周する. これに対して,

$$z^-(t) = c + r(\cos(2\pi - t) + i \sin(2\pi - t))$$
$$= c + r(\cos(-t) + i \sin(-t))$$

であり, これは t が 0 から 2π に動くとき, 円周上を「時計回り」に一周する. これを

$$C^-(c, r) : z^-(t), \ t \in [0, 2\pi] \tag{4.2}$$

と表わす.

複素解析ではしばしば, 領域という複素平面の部分集合が登場する. それを定義しておく.

4.1 複素平面内の曲線　　65

定義 4.4

　C 内の開集合 Ω が**連結**であるとは，Ω 内の任意の 2 点 z,w に対し，z を始点とし，w を終点とするような Ω 内の区分的に C^1 級曲線が存在することである[2]．C 内の連結な開集合を**領域**という．領域 $\Omega \subset C$ が，十分大きな $R > 0$ をとって $\Omega \subset D(0, R)$ とできるとき，Ω を C 内の**有界領域**という．

問題 4.1　$C : z(t), t \in [\alpha, \beta]$ が C 内の連続曲線ならば，C の軌跡（それを再び C で表す）は有界閉集合であることを証明せよ．

問題 4.2　f を C 内の開集合 Ω 上の正則関数とし，$C : z(t), t \in [a, b]$ を Ω 内の C^1 級曲線とする．曲線 C の f による像を $w(t) = f(z(t))$ $(t \in [a, b])$ とおく．このとき

$$w'(t) = f'(z(t))z'(t)$$

である[3]．したがって，$f'(z) \neq 0$ $(z \in C)$ ならば，曲線 $w(t), t \in [a, b]$ には特異点がない．以上のことを示せ．

問題 4.3　Ω, Ω' を C 内の領域とし，f を Ω から Ω' への双正則写像とする．領域 Ω 内の C^1 級曲線 C_1 と C_2 がある点 z のみで交わっているとする．C_1 と C_2 の f による像を Γ_1, Γ_2 とする．C_1 と C_2 の交点 z での接ベクトルのなす角度と，Γ_1 と Γ_2 の交点 $f(z)$ での接ベクトルのなす角度が等しいことを示せ（このような性質を**等角性**といい，双正則写像を上への**等角写像**ともいう）．

---

2) この連結は位相数学では，弧状連結と呼ばれている．複素平面の場合，位相数学での連結の定義と本書に記した連結の定義は同値であることが知られている．

3) 再度の注意になるが，ここで $z'(t) = \displaystyle\lim_{\delta \to 0, \delta \in \boldsymbol{R}, \delta \neq 0} \frac{z(t + \delta) - z(t)}{\delta}$ であり，複素関数 $f(z)$ の複素微分 $f'(z)$ とは異なるものである．

4.2 複素積分

ここでは，複素積分について述べる．

$C : z(t) = x(t) + iy(t), t \in [\alpha, \beta]$ を $\boldsymbol{C}$ 内の連続曲線であるとする．f を定義域が C を含むような複素関数とする．f が C 上で連続であるとは，$u(x, y) = \mathrm{Re}\, f(x + iy), v(x, y) = \mathrm{Im}\, f(x + iy)$ としたとき，t を変数とする関数 $u(x(t), y(t)), v(x(t), y(t))$ が $[\alpha, \beta]$ 上で連続になることである．

特に C が C^1 級の曲線であるとき，C 上の連続関数 f に対して

$$
\begin{aligned}
f\left(z(t)\right) z'(t) &= \left(u(x(t), y(t)) + iv(x(t), y(t))\right)\left(x'(t) + iy'(t)\right) \\
&= u(x(t), y(t))x'(t) - v(x(t), y(t))y'(t) \\
&\quad + i\left\{v(x(t), y(t))x'(t) + u(x(t), y(t))y'(t)\right\}
\end{aligned}
$$

である．そこで区間 $[\alpha, \beta]$ 上の実数値連続関数

$$
u(x(t), y(t))\, x'(t) - v(x(t), y(t))\, y'(t),
$$

$$
v(x(t), y(t))\, x'(t) + u(x(t), y(t))\, y'(t)
$$

の $[\alpha, \beta]$ 上の積分により

$$
\begin{aligned}
\int_\alpha^\beta &f(z)z'(t)dt \\
&= \int_\alpha^\beta \left\{u(x(t), y(t))\, x'(t) - v(x(t), y(t))\, y'(t)\right\} dt \\
&\quad + i\int_\alpha^\beta \left\{v(x(t), y(t))\, x'(t) + u(x(t), y(t))\, y'(t)\right\} dt
\end{aligned}
$$

$$\tag{4.3}$$

と定義する．これを

$$\int_C f(z)dz = \int_\alpha^\beta f(z)z'(t)dt \tag{4.4}$$

と表し，路 C 上の（あるいは C に沿った）**複素積分**という．また C をこの複素積分の**積分路**という．

複素積分 (4.4) が積分路のパラメータの取り方に依らないことを示す．いま $\varphi(s)$ を $[c,d]$ から $[\alpha,\beta]$ への全単射で，C^1 級かつ，$\varphi'(s) \neq 0$ $(s \in [c,d])$ とする．$w(s) = z(\varphi(s))$ とすると，

$$w(s),\, s \in [c,d]$$

も C と同じ軌跡の曲線を表している（曲線のパラメータが変更されている）．C 上の連続関数 f に対して，明らかに

$$s \longmapsto f(z(\varphi(s)))$$

も連続である．いま $t = \varphi(s)$ とおくと，$\dfrac{dt}{ds} = \varphi'(s)$ より

$$\int_c^d f(w(s))w'(s)ds = \int_c^d f(z(\varphi(s)))z'(\varphi(s))\varphi'(s)ds$$
$$= \int_\alpha^\beta f(z(t))z'(t)dt$$

である．したがって，C 上の連続関数の複素積分は，曲線のパラメータの変更 φ によらないことがわかる．

さて，複素（あるいは実数値）関数 $F(z)$ を，$F(x,y) = F(x + iy)$ と表し，

$$\int_C F(x,y)dx = \int_\alpha^\beta F(x(t) + iy(t))x'(t)dt,$$
$$\int_C F(x,y)dy = \int_\alpha^\beta F(x(t) + iy(t))y'(t)dt$$

と定義する．これらを

68 第4章 コーシーの定理とコーシーの積分公式

$$\int_C F dx = \int_C F(x,y)dx, \quad \int_C F dy = \int_C F(x,y)dy$$

と略記する．この略記法を用いれば，(4.3) は

$$\int_C f(z)dz = \int_C u dx - \int_C v dy + i\left(\int_C v dx + \int_C u dy\right)$$

と表せる．これをさらに

$$\int_C f(z)dz = \int_C (u dx - v dy) + i\int_C (v dx + u dy) \qquad (4.5)$$

と簡略化して記すこともある．

複素積分に関する基本的な公式をまとめておく．

定理 4.5

$C : z(t)$, $t \in [\alpha,\beta]$ を $\boldsymbol{C}$ 内の C^1 級曲線とする．f, g を C 上の連続関数とする．

(1) $a, b \in \boldsymbol{C}$ に対して

$$\int_C (af(z) + bg(z))\, dz = a\int_C f(z)dz + b\int_C g(z)dz.$$

(2) $\alpha = t_0 < t_1 < \cdots < t_{N-1} < t_N = \beta$ とし，$C_j : z(t)$, $t \in [t_{j-1}, t_j]$ $(j = 1, 2, \ldots, N)$ とする．

$$\int_C f(z)dz = \sum_{j=1}^{N} \int_{C_j} f(z)dz.$$

(3) $\displaystyle \int_{C^-} f(z)dz = -\int_C f(z)dz.$

[証明] (1) は有界閉区間上の実変数関数の積分の線形性から容易に導かれる．(2) は定義より明らか．(3) を示す．$\varphi(t) = \beta + \alpha - t$ とおく．$s = \varphi(t)$ とおくと，$\dfrac{ds}{dt} = \varphi'(t) = -1$ より

$$\int_{C^-} f(z)dz = \int_{\alpha}^{\beta} f(z(\varphi(t))) \frac{d}{dt} z(\varphi(t)) \, dt$$

$$= \int_{\alpha}^{\beta} f(z(\varphi(t)))z'(\varphi(t))\varphi'(t)dt$$

$$= \int_{\beta}^{\alpha} f(z(s))z'(s)ds = -\int_{\alpha}^{\beta} f(z(s))z'(s)ds$$

$$= -\int_{C} f(z)dz.$$ □

例 4.6

$C(0,1)$ は例 4.1 で定めた円周とする. 次のことが成り立つ.

$$\int_{C(0,1)} zdz = 0, \quad \int_{C(0,1)} \overline{z}dz = 2\pi i.$$

[解説] $z'(t) = -\sin t + i\cos t$ であるから, 定義に基づいて計算すると

$$\int_{C} zdz = \int_{0}^{2\pi} (\cos t + i\sin t)(-\sin t + i\cos t)dt$$

$$= -2\int_{0}^{2\pi} \cos t \sin tdt + i\int_{0}^{2\pi} (-\sin^2 t + \cos^2 t)dt$$

$$= -\int_{0}^{2\pi} \sin 2tdt + i\int_{0}^{2\pi} \cos 2tdt = 0.$$

$$\int_{C} \overline{z}dz = \int_{0}^{2\pi} (\cos t - i\sin t)(-\sin t + i\cos t)dt$$

$$= \int_{0}^{2\pi} (-\cos t \sin t + \sin t \cos t) \, dt + i\int_{0}^{2\pi} (\sin^2 t + \cos^2 t) \, dt$$

$$= i\int_{0}^{2\pi} dt = 2\pi i.$$ □

70 第4章 コーシーの定理とコーシーの積分公式

問題 4.4 (1) $c \in \boldsymbol{C}$ とするとき,

$$\int_{C(c,r)} \frac{1}{z-c} dz = 2\pi i.$$

を示せ.

(2) 次の複素積分を求めよ.

$$\int_{C(0,1)} |z|\, dz$$

次のような積分も定義しておく. C^1 級曲線 $C : z(t), t \in [\alpha, \beta]$ と C 上の連続関数 f に対して

$$\int_C f(z)\,|dz| = \int_\alpha^\beta f(z(t))\,|z'(t)|\,dt.$$

これは弧長による積分とも呼ばれる. その理由は,

$$\int_C |dz| = \int_\alpha^\beta |z'(t)|\,dt = \int_\alpha^\beta \sqrt{x'(t)^2 + y'(t)^2}\,dt$$
$$= \text{“曲線 } C \text{ の長さ”}$$

と考えられるからである. 曲線 C の長さを $l(C)$ で表わす.

次の定理が成りたつ.

定理 4.7

$C : z(t), t \in [\alpha, \beta]$ を $\boldsymbol{C}$ 内の C^1 級曲線とし, f を C 上の連続関数とする. このとき

$$\left| \int_C f(z)dz \right| \leq \int_C |f(z)|\,|dz|$$

が成り立つ.

[証明] $a = \int_C f(z)dz$ とおく．$a = 0$ なら定理の不等式は明らかなので $a \neq 0$ の場合を示す．

$$
\begin{aligned}
|a| &= \mathrm{Re}\, \frac{|a|^2}{|a|} = \mathrm{Re}\, \frac{\overline{a}a}{|a|} = \mathrm{Re}\left(\frac{\overline{a}}{|a|} \int_\alpha^\beta f(z(t))z'(t)dt \right) \\
&= \mathrm{Re}\left(\int_\alpha^\beta \frac{\overline{a}}{|a|} f(z(t))z'(t)dt \right) = \int_\alpha^\beta \mathrm{Re}\left(\frac{\overline{a}}{|a|} f(z(t))z'(t) \right) dt \\
&\leq \int_\alpha^\beta \left| \frac{\overline{a}}{|a|} f(z(t))z'(t) \right| dt = \int_\alpha^\beta |f(z(t))| \left| z'(t) \right| dt \\
&= \int_C |f(z)| \, |dz| .
\end{aligned}
$$

$\hfill\square$

さて，$C : z(t), t \in [\alpha, \beta]$ を $\boldsymbol{C}$ 内の区分的に C^1 級曲線とする．定義より有限個の点

$$\alpha = t_0 < t_1 < \cdots < t_{N-1} < t_N = \beta$$

が存在し，$C_j : z(t), t \in [t_{j-1}, t_j]$ $(j = 1, 2, \ldots, N)$ が C^1 級曲線となっている．このとき C 上の連続関数 f に対する C 上の複素積分を

$$\int_C f(z)dz = \sum_{j=1}^N \int_{C_j} f(z)dz$$

により定義する．C に対して，弧長による積分も同様に定義する．

また，このときの曲線の長さ $l(C)$ は

$$l(C) = l(C_1) + \cdots + l(C_N)$$

により定める．

定理 4.8

区分的に C^1 級曲線の場合にも定理 4.5，定理 4.7 は成り立つ．

[証明] 各 C_j 上の積分に定理 4.5, 定理 4.7 を使い, それを足し合わせればよい. ☐

4.3 グリーンの公式

線積分に関する定理で, 重要なものにグリーンの公式がある. グリーンの公式は複素解析でも有用である. 本節ではグリーンの公式の複素形について学ぶ. グリーンの公式を複素形に書き直すと, 不思議な関係式が浮き彫りになってくる. じつはそれが, 次節で述べるコーシーの定理にほかならない. まずは, グリーンの公式から始めることにしよう.

C 内の連続曲線 $C : z(t), t \in [\alpha, \beta]$ を考える C が閉曲線であるとは, $z(\alpha) = z(\beta)$ となることである. C がジョルダン閉曲線 (あるいは単純閉曲線) であるとは,

$$z(\alpha) = z(\beta),$$
$$z(t) \neq z(s) \ (\alpha \leq t < s < \beta)$$

が成り立つことである. つまりジョルダン閉曲線とは, 途中で交わることのない閉曲線のことである (図 4-3 参照). (区分的に) C^1 級の曲線でかつジョルダン閉曲線であるものを (区分的に) C^1 級のジョルダン閉曲線という. たとえば, 例 4.1 で定めた円周は C^1 級のジョルダン閉曲線である. 正多角形の周は (1 周して始点に戻るものとして) 区分的に C^1 級のジョルダン閉曲線である.

次に有限個の区分的に C^1 級のジョルダン閉曲線で囲まれる領域を定義する.

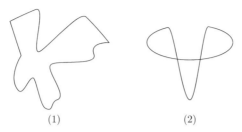

図 4-3 (1) ジョルダン閉曲線 (2) 閉曲線であるがジョルダン閉曲線ではない.

定義 4.9

C_0 を区分的に C^1 級のジョルダン閉曲線とし，それにより囲まれる $\boldsymbol{C}$ 内の有界領域を Ω_0 とする（図 4-4 参照．この定義については章末の注意 4.13 を参照のこと．）

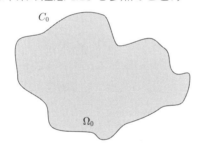

図 4-4 一個の区分的に C^1 級のジョルダン閉曲線で囲まれる領域.

$C_1, \ldots, C_N$ を Ω_0 内の区分的に C^1 級のジョルダン閉曲線で，各 C_j は Ω_0 に含まれるある有界領域 Ω_j を囲み（章末注意 4.13），E_j を Ω_j と C_j の軌跡の和集合としたとき $E_j \cap E_k = \emptyset$ $(j \neq k, j, k = 1, \ldots, N)$ をみたしているとする．この $N+1$ 個の連続曲線 $C_0, \ldots, C_N$ からなる曲線の族を C で表す．このとき，

$$\Omega = \{z : z \in \Omega_0, z \notin E_1, \ldots, z \notin E_N\}$$

で表される領域を有限個の区分的に C^1 級のジョルダン閉曲線 C で囲まれる有界領域という（図 4-5 参照）.

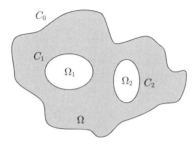

図 4-5 有限個の区分的に C^1 級のジョルダン閉曲線で囲まれる有界領域 ($N=2$ の場合) の例.

C に属する曲線の軌跡の和集合を Ω の**境界**といい, Ω と Ω の境界の和集合を

$$\Omega \cup C$$

により表すことにする. 明らかに $\Omega \cup C$ は有界閉集合である. なお, $C_1, \ldots, C_N$ がない場合は, $\Omega = \Omega_0$ を, (1個の) 区分的に C^1 級のジョルダン閉曲線 C_0 で囲まれる有界領域と考える.

定義 4.9 の有限個の区分的に C^1 級のジョルダン閉曲線で囲まれる有界領域に対して, その境界である曲線の向きについて, 次の規約を設けておく. ただし, 記号は定義 4.9 に従う.

【境界の向きに関する規約】 $C_j : z_j(t), t \in [\alpha_j, \beta_j]$ ($j = 0, 1, \ldots, N$) とする. t が増加すれば, 点 $z_j(t)$ は, その進行方向の左側に Ω があるように動くものとする (たとえば, 図 4-6 でいえば点 $z_0(t)$ は C_0 上を反時計回りに, そして $z_j(t)$ ($j = 1, 2$) は C_j 上を時計回りに動くものとする). このようにパラメータ t が設定されていることを C は正に向きづけられているという.

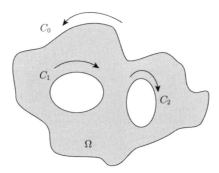

図 4-6 閉曲線の向きは，一番外側の大きな閉曲線 C_0 が反時計回り，内側の小さな閉曲線 C_1, C_2 は時計回り．

定義 4.9 の記号を用いる．f が C 上で定義された複素数値関数で，各 C_j 上で連続であるとき，f を C 上で連続であるという．このとき

$$\int_C f dx = \int_{C_0} f dx + \cdots + \int_{C_N} f dx,$$
$$\int_C f dy = \int_{C_0} f dy + \cdots + \int_{C_N} f dy,$$
$$\int_C f(z) dz = \int_{C_0} f(z) dz + \cdots + \int_{C_N} f(z) dz$$

と定める．

グリーンの公式を述べるために $\boldsymbol{C}$ 内の領域上の積分についても述べておく．いま，Ω を定義 4.9 で定めた有限個の区分的に C^1 級のジョルダン閉曲線 C で囲まれる有界領域とする．$F(z)$ を $\Omega \cup C$ 上の実数値連続関数とする．$F(x, y) = F(x + iy)$ とおけば，F は $(\Omega \cup C)_{\boldsymbol{R}} \subset \boldsymbol{R}^2$ 上の実数値連続関数である．このとき

$$\iint_\Omega F dx dy = \iint_{\Omega_R} F(x, y) dx dy$$

により定義する．ここで右辺は通常の実 2 変数関数の 2 重積分である．

76 第4章 コーシーの定理とコーシーの積分公式

F が $\Omega \cup C$ 上の複素数値の連続関数の場合は,

$$\iint_\Omega F dx dy = \iint_\Omega \operatorname{Re} F(x,y) dx dy + i \iint_\Omega \operatorname{Im} F(x,y) dx dy$$

と定める.

定理 4.10 **グリーンの公式**

Ω を定義 4.9 で定めた有限個の区分的に C^1 級のジョルダン閉曲線 C で囲まれる有界領域とする. また C は正に向きづけられているとする. $P(z)$ と $Q(z)$ を $\Omega \cup C$ を含むある開集合上で C^1 級の実数値関数とする. このとき

$$\int_C (P dx + Q dy) = \iint_\Omega \left(\frac{\partial Q}{\partial x} - \frac{\partial P}{\partial y} \right) dx dy$$

が成り立つ.

本書の目的は複素関数論を学ぶことなので,ここではグリーンの公式の証明には深入りせず,むしろグリーンの公式の複素関数論的な意味を探ることにしたい(なおグリーンの公式の証明は付録 A にも記してあるので,興味のある読者は参照してほしい).

いま,f を $\Omega \cup C$ を含むようなある開集合で定義された C^1 級関数とする.このとき,複素積分は,$u = \operatorname{Re} f$,$v = \operatorname{Im} f$ とすると,すでに見たように次のように表せる.

$$\int_C f(z) dz = \int_C (u dx - v dy) + i \int_C (v dx + u dy). \tag{4.6}$$

ここで,u と $-v$ にグリーンの公式を適用すると

$$\int_C (u dx - v dy) = \iint_\Omega \left(-\frac{\partial v}{\partial x} - \frac{\partial u}{\partial y} \right) dx dy$$

が得られる.また,u, v にグリーンの公式を適用すれば

$$\int_C (vdx + udy) = \iint_\Omega \left(\frac{\partial u}{\partial x} - \frac{\partial v}{\partial y} \right) dxdy$$

である．これを (4.6) の右辺に代入すれば

$$
\begin{aligned}
\int_C f(z)dz &= \iint_\Omega \left(-\frac{\partial v}{\partial x} - \frac{\partial u}{\partial y} \right) dxdy + i \iint_\Omega \left(\frac{\partial u}{\partial x} - \frac{\partial v}{\partial y} \right) dxdy \\
&= \iint_\Omega \left(i\frac{\partial u}{\partial x} - \frac{\partial u}{\partial y} - \frac{\partial v}{\partial x} - i\frac{\partial v}{\partial y} \right) dxdy \\
&= 2i \iint_\Omega \left\{ \frac{1}{2} \left(\frac{\partial u}{\partial x} - \frac{1}{i}\frac{\partial u}{\partial y} \right) + \frac{i}{2} \left(\frac{\partial v}{\partial x} - \frac{1}{i}\frac{\partial v}{\partial y} \right) \right\} dxdy \\
&= 2i \iint_\Omega \left(\frac{\partial u}{\partial \overline{z}} + i\frac{\partial v}{\partial \overline{z}} \right) dxdy \\
&= 2i \iint_\Omega \frac{\partial f}{\partial \overline{z}} \, dxdy.
\end{aligned}
$$

これはじつは複素解析では極めて重要な等式である．C 上の $f(z)$ の複素積分が，C で囲まれる領域上での $\frac{\partial f}{\partial \overline{z}}$ の積分の $2i$ 倍と一致し，しかも $\frac{\partial f}{\partial \overline{z}}$ は正則関数を特徴づける量だからである．以上のことを定理の形にまとめると次のようになる．

定理 4.11 | **グリーンの公式の複素形**

Ω, C は定理 4.10 で定めたものとする．$f(z)$ を $\Omega \cup C$ を含むある開集合で定義された C^1 級関数とする．このとき

$$\int_C f(z)dz = 2i \iint_\Omega \frac{\partial f}{\partial \overline{z}} \, dxdy$$

が成り立つ

グリーンの公式から導かれるこの結果から，正則関数に関するさまざまな定理が導き出されていく．本書の残りの部分では，それらを見ていくことになる．

78　第4章　コーシーの定理とコーシーの積分公式

4.4　コーシーの定理とコーシーの積分公式

　グリーンの公式の複素形から導かれる有用な定理を2つ証明しておく．コーシーの定理とコーシーの積分公式である．これらは複素関数論の根幹をなす重要な定理である．

定理4.12　（重要）

　Ω を定義4.9で定めた有限個の区分的に C^1 級のジョルダン閉曲線 C で囲まれる有界領域とし，C は正に向きづけられているものとする．f が $\Omega \cup C$ を含むある開集合で C^1 級であり，かつ Ω 上で正則であるとする．このとき，次が成り立つ．

(1)（コーシーの定理）

$$\int_C f(z)dz = 0.$$

(2)（コーシーの積分公式）任意の $z \in \Omega$ に対して

$$f(z) = \frac{1}{2\pi i} \int_C \frac{f(\zeta)}{\zeta - z} d\zeta.$$

［証明］　(1) f が Ω 上で正則であるから，グリーンの公式の複素形より

$$\int_C f(z)dz = 2i \iint_\Omega \frac{\partial f}{\partial \bar{z}} dxdy = 2i \iint_\Omega 0 \, dxdy = 0$$

が得られる．

　(2) $\Delta(z,r) \subset \Omega$ なる閉円板をとり，$\Omega_r = \Omega \smallsetminus \Delta(z,r)$ とおく．$\dfrac{f(\zeta)}{\zeta - z}$ は ζ の関数として Ω_r 上で正則であるから，これにコーシーの定理を適用すれば

$$\int_C \frac{f(\zeta)}{\zeta - z} d\zeta + \int_{C^-(z,r)} \frac{f(\zeta)}{\zeta - z} d\zeta = 0$$

が成り立つ（$C^-(z,r)$ の記号については (4.2) 参照）．したがって定理 4.5(3) より

$$\frac{1}{2\pi i} \int_C \frac{f(\zeta)}{\zeta - z} d\zeta = \frac{1}{2\pi i} \int_{C(z,r)} \frac{f(\zeta)}{\zeta - z} d\zeta \qquad (4.7)$$

である．ここで，$r \to 0$ としたとき

$$\frac{1}{2\pi i} \int_{C(z,r)} \frac{f(\zeta)}{\zeta - z} d\zeta \to f(z) \qquad (4.8)$$

となることを示せばよい．f は複素微分可能であるから，十分小さな $r > 0$ に対して，$|\zeta - z| < r$ ならば

$$\left| \frac{f(\zeta) - f(z)}{\zeta - z} - f'(z) \right| < 1$$

とできる．ゆえに，$\left| \dfrac{\partial f}{\partial z} \right|$ の $\Omega \cup C$ での最大値を M とおくと，Ω 上で $\dfrac{\partial f}{\partial z}(z) = f'(z)$ であるから

$$\left| \frac{f(\zeta) - f(z)}{\zeta - z} \right| \le \left| \frac{f(\zeta) - f(z)}{\zeta - z} - f'(z) \right| + |f'(z)| \le 1 + M$$

である．問題 4.4 より

$$\frac{1}{2\pi i} \int_{C(z,r)} \frac{1}{\zeta - z} d\zeta = 1$$

であるから

$$
\begin{aligned}
\left| \frac{1}{2\pi i} \int_{C(z,r)} \frac{f(\zeta)}{\zeta - z} d\zeta - f(z) \right| &= \left| \frac{1}{2\pi i} \int_{C(z,r)} \frac{f(\zeta) - f(z)}{\zeta - z} d\zeta \right| \\
&\le \frac{1}{2\pi} \int_{C(z,r)} \left| \frac{f(\zeta) - f(z)}{\zeta - z} \right| |d\zeta| \\
&\le (1 + M) \frac{1}{2\pi} \int_{C(z,r)} |d\zeta| \\
&= (1 + M)r \to 0 \quad (r \to 0)
\end{aligned}
$$

80　第 4 章　コーシーの定理とコーシーの積分公式

が得られる．よって (4.8) が証明された．　　　　　　　　　　　　□

　コーシーの積分公式は正則関数の特徴的な性質を引き出している．つまり，正則関数は C 上での値がわかれば，C で囲まれる領域 Ω 上での値が計算されるのである．一般の C^1 級関数ではこのようなことはできない．

　コーシーの定理とコーシーの積分公式は非常に強力な定理で，これから正則関数の多くの興味ある性質が導かれる．これらについては次章以降で学んでいく．

問題 4.5　$n = 1, 2, \ldots$ に対して次を求めよ．

$$\int_{C(c,r)} (z-c)^n \, dz, \quad \int_{C(c,r)} \frac{1}{(z-c)^n} dz. \tag{4.9}$$

注意 4.13　一般に平面内のジョルダン閉曲線は，平面を有界な領域と非有界な領域の二つに分けることが証明されている（ジョルダン閉曲線定理）．証明は本書の範囲を逸脱しているので立ち入らない．本書ではジョルダン閉曲線 C によって分けられる有界領域 G を C によって囲まれる有界領域，あるいは C は有界領域 G を囲むという．

第 5 章

正則関数の無限回微分可能性と正則関数列

　　コーシーの積分公式をもちいて正則関数が無限回偏微分可能であること，及び正則関数列の極限として定義される関数に関するワイエルシュトラスの定理を学ぶ．本章で学ぶ複素積分記号と $\dfrac{\partial}{\partial \bar{z}}$ の交換に関する定理と，正則関数列の広義一様極限で定義される関数の正則性は，有用な正則関数の構成をする際にも使われる．ここで述べる定理の証明により，コーシーの積分公式の醍醐味の一つが味わえるであろう．

図 5-1　ワイエルシュトラス（Karl Theodor Wilhelm Weierstrass, 1815-1897）.

82　第 5 章　正則関数の無限回微分可能性と正則関数列

5.1　正則関数が C^∞ 級かつ任意回複素微分可能なこと

コーシーの積分公式（定理 4.12(2)）の応用はたくさんあるが,まず正則関数がじつは C^∞ 級関数になっていることを証明する. キーとなる定理は微分積分で学んだ微分記号と積分記号の順序の交換に関する定理である. それは次のようなものであった[1].

定理 5.1

$f(t, x)$ を $[\alpha, \beta] \times [\gamma, \delta]$ 上の連続関数とする. 偏導関数 $\dfrac{\partial f}{\partial x}(t, x)$ が存在し, $[\alpha, \beta] \times [\gamma, \delta]$ 上で連続であるとする. このとき

$$\int_\alpha^\beta f(t, x)dt$$

は $x \in [\gamma, \delta]$ に関して微分可能であり,

$$\frac{d}{dx}\int_\alpha^\beta f(t, x)dt = \int_\alpha^\beta \frac{\partial f}{\partial x}(t, x)dt$$

が成り立つ.

この定理を複素関数論にも使える形に書き換えておこう.

定理 5.2

Ω を $\boldsymbol{C}$ 内の開集合とし, $f(t, z)$ を $[\alpha, \beta] \times \Omega$ 上の連続関数とする. $z = x + iy$ と表わす. 偏導関数 $\dfrac{\partial f}{\partial x}(t, z), \dfrac{\partial f}{\partial y}(t, z)$ が存在し, $[\alpha, \beta] \times \Omega$ で連続であるとする. $\Delta(c, r) \subset \Omega$ とする. このとき, $z = x + iy \in D(c, r)$ において

---

1)　たとえば入江他 [4, p.280, 定理 17(iii)].

$$\int_\alpha^\beta f(t,z)dt$$

は x と y に関して偏微分可能であり

$$\frac{\partial}{\partial z}\int_\alpha^\beta f(t,z)dt = \int_\alpha^\beta \frac{\partial f}{\partial z}(t,z)dt,$$

$$\frac{\partial}{\partial \overline{z}}\int_\alpha^\beta f(t,z)dt = \int_\alpha^\beta \frac{\partial f}{\partial \overline{z}}(t,z)dt$$

が成り立つ.

[証明] x と y の各変数に対して定理 5.1 を適用すれば, $\dfrac{\partial}{\partial x}, \dfrac{\partial}{\partial y}$ について偏微分と積分記号の交換ができる. ゆえに $\dfrac{\partial}{\partial z}, \dfrac{\partial}{\partial \overline{z}}$ に対しても積分記号との交換が成り立つ. □

以下

$$\frac{\partial^2}{\partial z^2} = \frac{\partial}{\partial z}\frac{\partial}{\partial z}, \ldots, \frac{\partial^n}{\partial z^n} = \frac{\partial^{n-1}}{\partial z^{n-1}}\frac{\partial}{\partial z}$$

と定める. 定理 5.2 を用いて次のことを証明する.

定理 5.3

Ω を定義 4.9 で定めた有限個の区分的に C^1 級のジョルダン閉曲線 C で囲まれる $\boldsymbol{C}$ 内の有界領域とし, C は正に向きづけられているものとする. $f(z)$ を $\Omega \cup C$ を含むある開集合上で C^1 級であり, Ω 上で正則であるとする. このとき, f は Ω 上で x, y に関して C^∞ 級であり, $z \in \Omega$ に対して,

$$\frac{\partial^n f}{\partial z^n}(z) = \frac{n!}{2\pi i}\int_C \frac{f(\zeta)}{(\zeta-z)^{n+1}}d\zeta \ \ (n=1,2,\ldots) \qquad (5.1)$$

が成り立つ. さらに $\dfrac{\partial^n f}{\partial z^n}(z)$ は Ω 上で正則である.

84 第 5 章 正則関数の無限回微分可能性と正則関数列

この定理を証明するために次の補題を準備しておく.

補題 5.4

φ を C 上の連続関数とし, k を 1 以上の整数とする.

$$F_k(z) = \int_C \frac{\varphi(\zeta)}{(\zeta - z)^k} d\zeta \quad (z \in \Omega)$$

と定義する.

(1) $F_k(z)$ は Ω 上の連続関数である ($k = 1, 2, \dots$).

(2) $k = 1, 2, \dots$ に対して, $F_k(z)$ は Ω 上で正則であり,

$$\frac{\partial}{\partial z} F_k(z) = k F_{k+1}(z) \ (z \in \Omega).$$

(3) $F_1(z)$ は Ω 上で C^∞ 級であり, $k = 1, 2, \dots$ に対して

$$\frac{\partial^k}{\partial z^k} F_1(z) = k! F_k(z) \ (z \in \Omega)$$

である. したがって, $\dfrac{\partial^k}{\partial z^k} F_1(z)$ は Ω 上で正則である.

[証明] (1) M_1 を関数 $|\varphi|$ の C 上での最大値とする[2]. 任意に $z \in \Omega$ をとる. 十分小さな $\delta > 0$ を $\Delta(z, 2\delta) \subset \Omega$ となるようにとる. このとき, $\Delta(z, \delta)$ 内の点 z' と C 上の点 ζ の距離は, $|\zeta - z'| \geq \delta$ であることに注意する. $\{z_n\}_{n=1}^\infty$ を $z_n \in \Delta(z, \delta)$ かつ $z_n \to z \ (n \to \infty)$ なる任意の複素数列とする. 以下では $\lim_{n \to \infty} F_k(z_n) = F_k(z)$ を証明する. 上記のことより $\zeta \in C$ ならば $|\zeta - z| \geq \delta$, $|\zeta - z_n| \geq \delta$ であるから

---

2) 一般に関数 $f : A \to \boldsymbol{C}$ に対して, $|f|$ は関数 $|f| : A \ni z \mapsto |f(z)|$ を意味するものとする.

$$\begin{aligned}
|F_k(z) - F_k(z_n)| &\leq \int_C \left| \frac{\varphi(\zeta)}{(\zeta - z)^k} - \frac{\varphi(\zeta)}{(\zeta - z_n)^k} \right| |d\zeta| \\
&= \int_C |\varphi(\zeta)| \left| \frac{(\zeta - z_n)^k - (\zeta - z)^k}{(\zeta - z)^k (\zeta - z_n)^k} \right| |d\zeta| \\
&\leq \frac{M_1}{\delta^{2k}} \int_C \left| (\zeta - z_n)^k - (\zeta - z)^k \right| |d\zeta|
\end{aligned}$$

となる. さて, Ω は有界であるから, 十分大きな正数 M_2 をとって, $\Omega \cup C \subset D(0, M_2)$ とできる. したがって

$$\begin{aligned}
\left| (\zeta - z_n)^k - (\zeta - z)^k \right| &= \left| (z - z_n) \sum_{j=0}^{k-1} (\zeta - z_n)^j (\zeta - z)^{k-1-j} \right| \\
&\leq k(2M_2)^{k-1} |z - z_n|,
\end{aligned}$$

(ただし最後の不等式は, $|\zeta - z_n| \leq |\zeta| + |z_n| \leq 2M_2$, $|\zeta - z| \leq |\zeta| + |z| \leq 2M_2$ による) である. ゆえに

$$|F_k(z) - F_k(z_n)| \leq \frac{M_1}{\delta^{2k}} k(2M_2)^{k-1} \int_C |d\zeta| \, |z - z_n|$$
$$\to 0 \ (n \to \infty).$$

したがって F_k は z で連続である.

(2) $C, C_0, \ldots, C_N$ を定義 4.9 で定めたものとし, $C_j : \zeta_j(t)$, $t \in [\alpha_j, \beta_j]$ $(j = 0, \ldots, N)$ とおく. 複素積分の定義から

$$F_0(z) = \sum_{j=0}^{N} \frac{1}{2\pi i} \int_{\alpha_j}^{\beta_j} \frac{\varphi(\zeta_j(t))}{(\zeta_j(t) - z)^k} \zeta_j'(t) dt$$

である. この被積分関数を $z = x + iy$ として

$$\varphi_j(t, z) = \frac{\varphi(\zeta_j(t))\zeta_j'(t)}{(\zeta_j(t) - z)^k} = \frac{\varphi(\zeta_j(t))\zeta_j'(t)}{(\zeta_j(t) - x - iy)^k}$$

とおく. $z \in \Omega$ のとき, 任意の t に対して $\zeta_j(t) \neq z$ であるから, $\varphi_j(t, z)$ は $[\alpha_j, \beta_j] \times \Omega$ で連続であり, さらに

$$\frac{\partial}{\partial x}\varphi_j(t,z) = k\frac{\varphi(\zeta_j(t))\zeta_j'(t)}{(\zeta_j(t)-z)^{k+1}},$$

$$\frac{\partial}{\partial y}\varphi_j(t,z) = ik\frac{\varphi(\zeta_j(t))\zeta_j'(t)}{(\zeta_j(t)-z)^{k+1}}$$

も $[\alpha_j,\beta_j]\times\Omega$ 上で連続である．ゆえに定理 5.2（あるいはその証明）より F_k は x,y について偏微分可能であり，偏微分の記号と積分記号の順序を入れかえることができ

$$\frac{\partial F_k}{\partial x}(z) = k\int_C \frac{\varphi(\zeta)}{(\zeta-z)^{k+1}}d\zeta = kF_{k+1}(z),$$

$$\frac{\partial F_k}{\partial y}(z) = ik\int_C \frac{\varphi(\zeta)}{(\zeta-z)^{k+1}}d\zeta = ikF_{k+1}(z)$$

を得る．(1) より F_{k+1} は連続であるから，F_k は C^1 級である．また，上の等式より

$$\frac{\partial F_k}{\partial\overline{z}} = \frac{1}{2}\left(\frac{\partial F_k}{\partial x} - \frac{1}{i}\frac{\partial F_k}{\partial y}\right) = 0,$$

$$\frac{\partial F_k}{\partial z} = \frac{1}{2}\left(\frac{\partial F_k}{\partial x} + \frac{1}{i}\frac{\partial F_k}{\partial y}\right) = kF_{k+1}$$

である．ゆえに (2) が証明された．

(3) (2) より F_1 は正則で，$\dfrac{\partial F_1}{\partial z} = F_2$ も正則である．さらに $\dfrac{\partial^2 F_1}{\partial z^2}$ $= \dfrac{\partial F_2}{\partial z} = 2F_3$ も正則である．以下，この議論を繰り返せばよい． □

[定理 5.3 の証明]　$\varphi = f$ として補題 5.4 を適用する．コーシーの積分公式より $f(z) = \dfrac{1}{2\pi i}F_1(z)$ であるから，補題 5.4 より定理 5.3 が得られる．
□

この定理から導かれるいくつかの系を示しておく．

5.1 正則関数が C^∞ 級かつ任意回複素微分可能なこと **87**

系 5.5

Ω を $\boldsymbol{C}$ 内の開集合とする. $f(z)$ が Ω 上で正則ならば, f は x, y に関して C^∞ 級で, $\dfrac{\partial^n f}{\partial z^n}$ は Ω 上で正則である ($n = 1, 2, \ldots$).

[証明] 任意の $a \in \Omega$ に対して, 十分小さな $r > 0$ をとれば, $\Delta(a, r) \subset \Omega$ とできる. そこで, $D(a, r)$ に対して定理 5.3 を適用すればよい. $\qquad\square$

$f(z)$ を Ω 上で正則であるとする. このとき, 系 5.5 より, $f'(z) = \dfrac{\partial f}{\partial z}(z)$ も正則であるから, 複素微分可能である. $f'(z)$ の複素微分係数を $f^{(2)}(z)$ とおくと,

$$f^{(2)}(z) = \frac{\partial f'}{\partial z}(z) = \frac{\partial^2 f}{\partial z^2}(z)$$

である. 再び系 5.5 により $f^{(2)}(z)$ も正則であり, 複素微分可能である. 同様にして, f は何回でも複素微分可能であることが示される. 帰納的に $f^{(n)}(z)$ を $f^{(n-1)}(z)$ の複素微分係数と定める. 便宜上 $f^{(0)}(z) = f(z)$, $f^{(1)}(z) = f'(z)$ と定める. このとき

$$f^{(n)}(z) = \frac{\partial^n f}{\partial z^n}(z)$$

である.

定理 5.6

f を $\boldsymbol{C}$ 内の開集合 Ω 上の正則関数とする. このとき, f は Ω 上で何回でも複素微分可能で, $f^{(n)}$ は Ω 上で正則である. また, Ω が 定理 5.3 で定めた領域の場合は, $z \in \Omega$ に対して

$$f^{(n)}(z) = \frac{n!}{2\pi i} \int_C \frac{f(\zeta)}{(\zeta - z)^{n+1}} d\zeta \ (n = 1, 2, \ldots)$$

88 第 5 章 正則関数の無限回微分可能性と正則関数列

が成り立つ.

[証明] 前半の主張は定理の直前の考察による. 後半は, 定理 5.3 による. □

5.2 正則関数列について

ここでは正則関数列の極限により定義される関数について述べる. 本節で学ぶ定理は, 正則関数を論ずる際にしばしば使われる.

微分積分で学んだ各点収束と一様収束の概念は, そのまま複素平面にも導入できる.

$E \subset \boldsymbol{C}$ を集合とする. f_n を E 上の関数とする $(n = 0, 1, 2, \ldots)$. 関数列 $\{f_n\}_{n=1}^{\infty}$ が E 上である関数 f に**各点収束**するとは, 任意の $\varepsilon > 0$ と任意の $z \in E$ に対して, ある番号 $N(\varepsilon, z)$ が存在し, $n \geq N(\varepsilon, z)$ ならば

$$|f_n(z) - f(z)| < \varepsilon$$

が成り立つことである.

また関数列 $\{f_n\}_{n=1}^{\infty}$ が E 上である関数 f に**一様収束**するとは, 任意の $\varepsilon > 0$ に対して, ある番号 $N(\varepsilon)$ が存在し, $n \geq N(\varepsilon)$ ならば, 任意の $z \in E$ に対して

$$|f_n(z) - f(z)| < \varepsilon$$

が成り立つことである.

複素関数論ではこのほかに「広義一様収束」という概念がよく使われる.

5.2 正則関数列について　89

定義 5.7

Ω を $\boldsymbol{C}$ 内の開集合とする. f_n を Ω 上の関数とする ($n = 0, 1, 2, \ldots$). 関数列 $\{f_n\}_{n=1}^{\infty}$ が Ω 上である関数 f に**広義一様収束**するとは, Ω に含まれる任意の有界閉集合 E 上で, $\{f_n\}_{n=1}^{\infty}$ が f に一様収束することである.

次の補題はしばしば使われる.

補題 5.8

(1) Ω を $\boldsymbol{C}$ 内の開集合とする. Ω 上の関数列 $\{f_n\}_{n=1}^{\infty}$ が Ω 上である関数 f に広義一様収束するための必要十分条件は, $\{f_n\}_{n=0}^{\infty}$ が Ω に含まれる任意の閉円板上で f に一様収束していることである.

(2) 開円板 $D(c, R)$ 上の関数列 $\{f_n\}_{n=1}^{\infty}$ が $D(c, R)$ 上である関数 f に広義一様収束するための必要十分条件は, 任意の $0 < R' < R$ に対して, $\{f_n\}_{n=1}^{\infty}$ が $\Delta(c, R')$ 上で f に一様収束することである.

[証明] (1) 必要性は明らかだから, 十分性を示す. $E \subset \Omega$ を任意の有界閉集合する. $z \in E$ に対して, 十分小さな $r_z > 0$ をとって, $\Delta(z, r_z) \subset \Omega$ とできる. $E \subset \bigcup_{z \in E} D(z, r_z)$ であるから, 定理 1.13 より, 有限個の $z_1, \ldots, z_N \in E$ を選んで, $E \subset \bigcup_{j=1}^{N} D(z_j, r_{z_j})$ とできる. 仮定より任意の $\varepsilon > 0$ に対して, ある番号 M_j を $n \geq M_j$ ならば $|f_n(z) - f(z)| < \varepsilon$ ($z \in \Delta(z, r_{z_j})$) となるように選べる. M を $M_1, \ldots, M_N$ の最大の番号とすると, $n \geq M$ ならば $|f_n(z) - f(z)| < \varepsilon$ ($z \in E$) である. ゆえに $\{f_n\}_{n=1}^{\infty}$ が f に E 上で一様収束している.

(2) 問題 1.14 より明らか. □

90　第 5 章　正則関数の無限回微分可能性と正則関数列

次のことが成り立つ.

補題 5.9

f_n を $\Delta(c,r)$ 上 の 連 続 関 数 と す る. 関 数 列 $\{f_n\}_{n=0}^{\infty}$ が $\Delta(c,r)$ 上である関数 f に一様収束しているならば, f は $\Delta(c,r)$ 上で連続である.

[証明]　z を $\Delta(c,r)$ の任意の点とする. $z_m \in \Delta(c,r)$ $(m = 1, 2, \ldots)$ が $\lim_{m\to\infty} z_m = z$ をみたすとする. $\lim_{m\to\infty} f(z_m) = f(z)$ を示せばよい. 任意に $\varepsilon > 0$ をとる. $\{f_n\}_{n=0}^{\infty}$ は $\Delta(c,r)$ 上で f に一様収束しているから, ある番号 n_0 が存在し

$$\left| f(z') - f_{n_0}(z') \right| < \frac{\varepsilon}{3} \quad (z' \in \Delta(c,r))$$

が成り立つ. f_{n_0} は連続であるから, ある番号 m_0 が存在し, $m \geq m_0$ ならば

$$\left| f_{n_0}(z_m) - f_{n_0}(z) \right| < \frac{\varepsilon}{3}.$$

ゆえに $m \geq m_0$ ならば

$$|f(z_m) - f(z)| \leq |f(z_m) - f_{n_0}(z_m)| + |f_{n_0}(z_m) - f_{n_0}(z)|$$
$$+ |f_{n_0}(z) - f(z)|$$
$$< \frac{\varepsilon}{3} + \frac{\varepsilon}{3} + \frac{\varepsilon}{3} = \varepsilon.$$

よって定理が証明された.　□

定理 5.10

Ω を $\boldsymbol{C}$ 内の開集合とする. f_n を Ω 上の連続関数とする ($n = 0, 1, 2, \ldots$). 関数列 $\{f_n\}_{n=0}^{\infty}$ が Ω 上の関数 f に Ω 上で広義

一様収束しているならば，f は Ω 上で連続である．

[証明]　任意の閉円板 $\Delta(c, r) \subset \Omega$ 上で f_n は f に一様収束しているから補題 5.9 より，f は $\Delta(c, r)$ 上で連続である．ゆえに Ω 上で連続である．　　　　　　　　　　　　　　　　　　　　　　　　　□

Ω を $\boldsymbol{C}$ 内の開集合とする．f_n を Ω 上の C^1 級関数とする（$n = 0, 1, 2, \ldots$）．関数列 $\{f_n\}_{n=1}^{\infty}$ が Ω 上である関数 f に広義一様収束していても f は偏微分可能とは限らない．ところが，正則関数については次のような際立った定理が成り立つ．

定理 5.11 ┃ **ワイエルシュトラスの定理**

Ω を $\boldsymbol{C}$ 内の開集合とし，f_n を Ω 上の正則関数とする（$n = 0, 1, 2, \ldots$）．もしも，$\{f_n\}_{n=0}^{\infty}$ が Ω 上のある複素関数 f に Ω で広義一様収束するならば，f も Ω 上で正則である．

この定理のポイントは，コーシーの積分公式により正則関数が積分で表され，さらに次に示すように，一様収束している場合，複素積分の記号と極限の記号を交換できることにある．まず次の補題を証明する．

補題 5.12

$C : z(t)$, $t \in [\alpha, \beta]$ を Ω 内の区分的に C^1 級の曲線とする．f_n を Ω 上の連続関数であり（$n = 0, 1, 2, \ldots$），$\{f_n\}_{n=0}^{\infty}$ がある関数 f に Ω 上で広義一様収束しているとき，

$$\lim_{n \to \infty} \int_C f_n(z)dz = \int_C f(z)dz.$$

[証明] 定理 5.1 より f は Ω 上で連続である．また C は有界閉集合である（問題 4.1）．任意に $\varepsilon > 0$ をとる．仮定より $\{f_n\}_{n=0}^{\infty}$ は f に Ω 内の任意の有界閉集合上で一様収束しているから，ある番号 n' で，$n \geq n'$ ならば

$$|f_n(z) - f(z)| < \varepsilon \ (z \in C)$$

となるものが存在する．ゆえに $n \geq n'$ ならば

$$\left| \int_C f_n(z)dz - \int_C f(z)dz \right| \leq \int_C |f_n(z) - f(z)| \, |dz|$$
$$\leq \varepsilon \int_C |dz| = \varepsilon \, l(C)$$

が成り立つ．ここで ε は任意の正数であったから，補題が証明された． $\square$

[定理 5.11 の証明] 定理 5.1 より f は Ω 上で連続である．$\Delta(c,r) \subset \Omega$ なる任意の閉円板をとる．$z \in D(c,r)$ に対して，

$$f_n(z) = \frac{1}{2\pi i} \int_{C(c,r)} \frac{f_n(\zeta)}{\zeta - z}d\zeta$$

が成り立っている．z と円周 $C(c,r)$ との最短距離を δ とする．任意に $\varepsilon > 0$ をとる．仮定よりある番号 n_0 で，$n \geq n_0$ ならば $|f_n(\zeta) - f(\zeta)| < \varepsilon\delta \ (\zeta \in C(c,r))$ となるものが存在する．ゆえに

$$\left| \frac{f_n(\zeta)}{\zeta - z} - \frac{f(\zeta)}{\zeta - z} \right| = \frac{|f_n(\zeta) - f(\zeta)|}{|\zeta - z|} < \frac{\varepsilon\delta}{\delta} = \varepsilon$$

であるから $\left\{ \dfrac{f_n(\zeta)}{\zeta - z} \right\}_{n=1}^{\infty}$ は $\dfrac{f(\zeta)}{\zeta - z}$ に $C(c,r)$ 上で一様収束している．また $\lim_{n \to \infty} f_n(z) = f(z)$ である．ゆえに

$$f(z) = \lim_{n \to \infty} f_n(z) = \lim_{n \to \infty} \frac{1}{2\pi i} \int_{C(c,r)} \frac{f_n(\zeta)}{\zeta - z} d\zeta$$
$$= \frac{1}{2\pi i} \int_{C(c,r)} \frac{f(\zeta)}{\zeta - z} d\zeta$$

が得られる．したがって補題 5.4 より f は $D(c,r)$ 上で正則である．
よって f は Ω 上で正則である． $\qquad\qquad\qquad\qquad\qquad\Box$

次の定理も成り立っている．

| 定理 5.13 | ワイエルシュトラスの二重級数定理 |

Ω を $\boldsymbol{C}$ 内の開集合とし，f_n を Ω 上の正則関数とする $(n = 0, 1, 2, \ldots)$．もしも，$\{f_n\}_{n=0}^{\infty}$ が Ω 上のある関数 f に Ω で広義一様収束するならば，任意の正の整数 k に対して，$\{f_n^{(k)}\}_{n=0}^{\infty}$ も $f^{(k)}$ に広義一様収束する．

[証明] 補題 5.8 より問題の関数列が，任意の閉円板 $\Delta(c,r) \subset \Omega$ 上で一様収束していることを示せばよい．十分小さな正の数 δ をとれば，$\Delta(c,r) \subset \Delta(c,r+\delta) \subset \Omega$ とできる．定理 5.6 より $z \in D(c,r+\delta)$ に対して

$$f_n^{(k)}(z) = \frac{k!}{2\pi i} \int_{C(c,r+\delta)} \frac{f_n(\zeta)}{(\zeta - z)^{k+1}} d\zeta$$

である．仮定より，任意の $\varepsilon > 0$ に対して，ある番号 N が存在し，$n \geq N$ ならば

$$|f_n(\zeta) - f(\zeta)| < \varepsilon \quad (\zeta \in C(c,r+\delta))$$

が成り立つ．いま任意に $z \in \Delta(c,r)$ をとる．$\zeta \in C(c,r+\delta)$ に対して，$|z - \zeta| \geq \delta$ であるから，$n \geq N$ のとき

$$
\begin{aligned}
\left| f_n^{(k)}(z) - f^{(k)}(z) \right| &= \frac{k!}{2\pi} \left| \int_{C(c,r+\delta)} \frac{f_n(\zeta) - f(\zeta)}{(\zeta - z)^{k+1}} d\zeta \right| \\
&\leq \frac{k!}{2\pi} \int_{C(c,r+\delta)} \frac{|f_n(\zeta) - f(\zeta)|}{|\zeta - z|^{k+1}} |d\zeta| \\
&\leq \frac{k!}{2\pi} \frac{\varepsilon}{\delta^{k+1}} \int_{C(c,r+\delta)} |d\zeta| \\
&= \frac{k!(r+\delta)}{\delta^{k+1}} \varepsilon.
\end{aligned}
$$

ここで ε は任意の正数であったから定理が証明された. $\qquad\square$

第 6 章

べき級数と正則関数

　正則関数をべき級数によって構成する方法を述べる．たとえば複素変数の三角関数や指数関数など複素解析で重要な役割を果たす関数がべき級数を使って定義される．逆に正則関数は領域内の（境界から離れた）円板上ではべき級数によって表されることも示す．

96　第 6 章　べき級数と正則関数

6.1　べき級数で定義される正則関数

実変数関数のマクローリン級数展開を思い出しておこう．たとえ
ば，指数関数 e^x，三角関数 $\cos x$, $\sin x$ は $-\infty < x < +\infty$ なる実
数 x に対して，マクローリン級数に展開できて

$$e^x = \sum_{n=0}^{\infty} \frac{x^n}{n!}, \tag{6.1}$$

$$\sin x = \sum_{n=1}^{\infty} (-1)^{n-1} \frac{x^{2n-1}}{(2n-1)!}, \tag{6.2}$$

$$\cos x = \sum_{n=0}^{\infty} (-1)^n \frac{x^{2n}}{(2n)!} \tag{6.3}$$

となっている（ただし $0^0 = 1$, $0! = 1$ とする）．もし x の部分を複
素数 z に形式的に置き換えて，$(6.1), (6.2), (6.3)$ の右辺がある複
素数に収束していれば，この級数によって実数だけでなく一般の複
素数 z に対して指数関数，三角関数の定義を拡張することができ
る．

一般に無限級数

$$\sum_{n=0}^{\infty} a_n (z - c)^n$$

が収束するときに，この極限で表される z の関数について考える．
まず次の定義をしておく．

定義 6.1

$c \in \boldsymbol{C}, a_n \in \boldsymbol{C}$ $(n = 0, 1, 2, \ldots)$ とする．

$$F_N(z) = \sum_{n=0}^{N} a_n(z-c)^n \quad (z \in \boldsymbol{C})$$

とおく. $E \subset \boldsymbol{C}$ とする. もしも関数列 $\{F_N\}_{N=0}^{\infty}$ がある関数 F に E 上で各点収束するとき, **べき級数** $\sum_{n=0}^{\infty} a_n(z-c)^n$ は E 上で各点収束するといい,

$$F(z) = \sum_{n=0}^{\infty} a_n(z-c)^n \quad (z \in E) \tag{6.4}$$

と表わす. 同様に, べき級数の一様収束, 広義一様収束も定義される. また,

$$\sum_{n=0}^{\infty} |a_n(z-c)^n| < +\infty \quad (z \in E)$$

のときは, (6.4) は E 上で**絶対収束**するという.

$F_N(z)$ をべき級数 (6.4) の（第 N）部分和という.

定理 5.11 より次のことがわかる.

定理 6.2

べき級数 $\sum_{n=0}^{\infty} a_n(z-c)^n$ が $\boldsymbol{C}$ 内のある開集合 Ω で広義一様収束していれば,

$$F(z) = \sum_{n=0}^{\infty} a_n(z-c)^n$$

は Ω 上の正則関数になっている.

[証明] $F_N(z) = \sum\limits_{n=0}^{N} a_n(z - c)^n$ は $\boldsymbol{C}$ 上の正則関数である. $\{F_N\}_{N=0}^{\infty}$ は F に Ω 上で広義一様収束しているので定理 5.11 より F は Ω 上で正則である. $\qquad\square$

　べき級数の係数は一意的に定まることを示しておく.

定理 6.3

　べき級数 $\sum\limits_{n=0}^{\infty} a_n(z-c)^n$ と $\sum\limits_{n=0}^{\infty} b_n(z-c)^n$ が $D(c,r)$ 上で広義一様収束し,

$$\sum_{n=0}^{\infty} a_n(z-c)^n = \sum_{n=0}^{\infty} b_n(z-c)^n$$

であるとする. このとき $a_n = b_n \ (n = 0, 1, 2, \ldots)$ である.

[証明] $f(z) = \sum\limits_{n=0}^{\infty} a_n(z-c)^n$ とおく. 正の整数 ν に対して

$$\frac{f(z)}{(z-c)^{\nu+1}} = \sum_{n=0}^{\infty} a_n(z-c)^{n-\nu-1} \tag{6.5}$$

$$= \sum_{n=0}^{\nu-1} a_n(z-c)^{n-\nu-1} + a_\nu(z-c)^{-1}$$

$$+ \sum_{n=\nu+1}^{\infty} a_n(z-c)^{n-\nu-1}$$

である.

$$\frac{1}{2\pi i}\int_{C(c,r)} (z-c)^m\, dz = \begin{cases} 1, & m = -1 \\ 0, & m \neq -1 \end{cases}$$

であるから (問題 4.5 と解答), (6.5) は $C(c,r)$ 上で項別積分可能で (補題 5.12 による),

$$\frac{1}{2\pi i} \int_{C(c,r)} \frac{f(z)}{(z-c)^{\nu+1}} dz = a_\nu$$

が得られる. $f(z) = \sum_{n=0}^{\infty} b_n (z-c)^n$ でもあるから, 同様の計算により

$$\frac{1}{2\pi i} \int_{C(c,r)} \frac{f(z)}{(z-c)^{\nu+1}} dz = b_\nu$$

となり $a_\nu = b_\nu$ を得る. また $a_0 = f(c) = b_0$ である. □

　複素関数論では, べき級数が一様収束 (あるいは広義一様収束) するか否かは非常に重要なこととなっている. 一般に関数項級数の一様収束を調べる際に, 次の M 判定法は便利である.

定理 6.4　**ワイエルシュトラスの M 判定法**

　$E \subset \boldsymbol{C}$ を集合とし, f_n を E 上の複素関数とする ($n = 1, 2, \ldots$). もしも, 非負の実数 M_n ($n = 0, 1, 2, \ldots$) を

$$\sum_{n=0}^{\infty} M_n < +\infty,$$

$$|f_n(z)| \le M_n \quad (z \in E, \ n = 0, 1, 2, \ldots)$$

をみたすようにとれるならば, 関数列 $\left\{ \sum_{n=0}^{N} f_n \right\}_{N=0}^{\infty}$ は E 上のある関数 F に E 上で一様収束かつ絶対収束している (ここで絶対収束とは $z \in E$ に対して $\sum_{n=0}^{\infty} |f_n(z)| < +\infty$ となることを意味することとする).

[証明]　$F_N(z) = \sum_{n=0}^{N} f_n(z)$ とおく. $\sum_{n=0}^{\infty} M_n < +\infty$ より, $\lim_{N, N' \to \infty} \sum_{n=N+1}^{N'} M_n = 0$ であるから. $z \in E$ に対して

$$|F_{N'}(z) - F_N(z)| = \left| \sum_{n=N+1}^{N'} f_n(z) \right| \le \sum_{n=N+1}^{N'} |f_n(z)| \le \sum_{n=N+1}^{N'} M_n$$
$$\to 0 \ (N' > N \to \infty)$$

である．ゆえに $\boldsymbol{C}$ の完備性から，$z \in E$ に対して，複素数列 $\{F_N(z)\}_{N=0}^{\infty}$ の極限

$$F(z) = \lim_{N \to \infty} F_N(z) \quad (z \in E)$$

が存在する．さて，任意の $\varepsilon > 0$ に対して，ある番号 $N(\varepsilon)$ が存在し，

$$\sum_{n=N(\varepsilon)+1}^{\infty} M_n < \varepsilon$$

である．したがって，$N \ge N(\varepsilon)$ ならば，任意の $z \in E$ に対して

$$|F(z) - F_N(z)| = \lim_{N' \to \infty} |F_{N'}(z) - F_N(z)| \le \lim_{N' \to \infty} \sum_{n=N+1}^{N'} |f_n(z)|$$
$$\le \sum_{n=N+1}^{\infty} M_n < \varepsilon$$

である．以上より定理が証明された． $\square$

これらの定理を使えば，次のことがわかる．

定理 6.5

べき級数

$$\sum_{n=0}^{\infty} \frac{z^n}{n!} \tag{6.6}$$

は $\boldsymbol{C}$ 上で z のある関数に広義一様収束かつ絶対収束している．

その関数を e^z で表わす. e^z は整関数である.

[証明] $f_n(z) = \dfrac{z^n}{n!}$ として定理 6.4 を用いる. 任意の $R > 0$ をとる. $z \in \Delta(0, R)$ に対して

$$\left| \frac{z^n}{n!} \right| \leq \frac{R^n}{n!} \ (n = 0, 1, 2, \ldots)$$

であり,

$$\sum_{n=0}^{\infty} \frac{R^n}{n!} = e^R < +\infty$$

である. ゆえに定理 6.4 より, べき級数 (6.6) は $\Delta(0, R)$ 上で一様収束している. その極限を $E_R(z)$ で表わす. $R < R'$ ならば, 明らかに

$$E_R(z) = \sum_{n=0}^{\infty} \frac{z^n}{n!} = E_{R'}(z) \ (z \in D(0, R))$$

であるから, 任意の $z \in \boldsymbol{C}$ に対して, $R > |z|$ をみたす R により $e^z = E_R(z)$ と定義することができる. また, $\boldsymbol{C}$ 内の任意の有界閉集合は十分大きな閉円板 $\Delta(0, R)$ に含まれるから収束は広義一様収束である. よって定理 5.11 より e^z は整関数である. $\qquad\square$

同様にして, 次のこともわかる.

定理 6.6

$z \in \boldsymbol{C}$ に対して

$$\sin z = \sum_{n=1}^{\infty} (-1)^{n-1} \frac{z^{2n-1}}{(2n-1)!},$$
$$\cos z = \sum_{n=0}^{\infty} (-1)^n \frac{z^{2n}}{(2n)!}$$

とすると，右辺のべき級数はいずれも $\boldsymbol{C}$ 上で広義一様収束かつ絶対収束し，$\sin z, \cos z$ は整関数である．特に $z = x \in \boldsymbol{R}$ の場合，$\sin z, \cos z$ は $\boldsymbol{R}$ 上で定義された $\sin x, \cos x$ と一致する．

このようにして，$\boldsymbol{R}$ 上の関数 $e^x, \sin x, \cos x$ は整関数 $e^z, \sin z,$ $\cos z$ に拡張することができた．

ここで読者は次のような疑問を持つであろう．

【Q】 これらの関数の整関数への拡張は一意的だろうか？

実際，例 2.17 では，$\exp(z)$ なる整関数で，$\exp(x) = e^x$ $(x \in$ $\boldsymbol{R})$ となるものが定義された．$\exp(z) = e^z$ $(z \in \boldsymbol{C})$ が成り立つだろうか？

後述の第 7.2 節で学ぶことであるが，一致の定理の直接の系 7.9 として【Q】が正しいことが示される．ただ今のところは，まだ $\exp(z) = e^z$ は証明していない．

さて，指数関数の定義から

$$e^{iz} = \lim_{N \to \infty} \sum_{n=0}^{N} \frac{i^n}{n!} z^n,$$
$$e^{-iz} = \lim_{N \to \infty} \sum_{n=0}^{N} (-1)^n \frac{i^n}{n!} z^n$$

であるから，容易に次のことが示せる（以下実数 a に対して，$[a]$ は a を超えない最大の整数を表わす）．

$$e^{iz} + e^{-iz} = \lim_{N \to \infty} \left(\sum_{n=0}^{N} \frac{i^n}{n!} z^n + \sum_{n=0}^{N} (-1)^n \frac{i^n}{n!} z^n \right)$$

$$= 2 \lim_{N \to \infty} \sum_{n=0}^{[N/2]} \frac{i^{2n}}{(2n)!} z^{2n} = 2 \lim_{N \to \infty} \sum_{n=0}^{[N/2]} \frac{(-1)^n}{(2n)!} z^{2n}$$

$$= 2 \sum_{n=0}^{\infty} \frac{(-1)^n}{(2n)!} z^{2n}$$

$$= 2 \cos z.$$

同様にして

$$e^{iz} - e^{-iz} = \lim_{N \to \infty} \left(\sum_{n=0}^{N} \frac{i^n}{n!} z^n - \sum_{n=0}^{N} (-1)^n \frac{i^n}{n!} z^n \right)$$

$$= 2 \lim_{N \to \infty} \sum_{n=1}^{[N/2]} \frac{i^{2n-1}}{(2n-1)} z^{2n-1} = 2i \sum_{n=1}^{\infty} \frac{(-1)^{n-1}}{(2n-1)} z^{2n-1}$$

$$= 2i \sin z$$

である. したがって次の公式が成り立つ.

$$\cos z = \frac{e^{iz} + e^{-iz}}{2}, \tag{6.7}$$

$$\sin z = \frac{e^{iz} - e^{-iz}}{2i}. \tag{6.8}$$

また,

$$e^{iz} = \cos z + i \sin z$$

も得られる. この式は, 特に $x \in \boldsymbol{R}$ の場合は

$$e^{ix} = \cos x + i \sin x$$

となる. これはオイラーの公式と呼ばれる等式である.

ところで, 複素数 z は極形式では $r = |z|$ 及び偏角 θ を用いて

図 6-1 オイラー（Leonhard Euler, 1707-1783）.

$z = r\left(\cos\theta + i\sin\theta\right)$ と表せていた．ゆえに極形式は e^{ix} を用いて

$$z = re^{i\theta}$$

と表せる．

双曲型関数も

$$\cosh z = \frac{e^z + e^{-z}}{2},$$
$$\sinh z = \frac{e^z - e^{-z}}{2}$$

のようにして $\boldsymbol{C}$ 上で定義され，整関数になっている．

べき級数の収束の十分条件として次のものはよく使われる．

定理 6.7

$c \in \boldsymbol{C}$ とする．ある点 $z_0 \in \boldsymbol{C}$（$z_0 \neq c$）においてべき級数 $\sum_{n=0}^{\infty} a_n \left(z_0 - c\right)^n$ が絶対収束しているとする．$r = |z_0 - c|$ とおく．このとき，$\Delta(c, r)$ 上でべき級数 $\sum_{n=0}^{\infty} a_n \left(z - c\right)^n$ は一様収束かつ絶対収束している．$\sum_{n=0}^{\infty} a_n \left(z - c\right)^n$ は $\Delta(c, r)$ 上の連続関数であり，$D(c, r)$ 上で正則である．

[証明] $M_n = |a_n| r^n$ とおくと，べき級数の z_0 での絶対収束性から，$\sum_{n=0}^{\infty} M_n < +\infty$ である．$z \in \Delta(c, r)$ に対して

$$|a_n(z-c)^n| \le |a_n| r^n = M_n$$

である．したがって定理 6.4 により，$\Delta(c, r)$ 上でべき級数 $\sum_{n=0}^{\infty} a_n(z-c)^n$ は一様収束かつ絶対収束する．$\sum_{n=0}^{N} a_n(z_0-c)^n$ は $\boldsymbol{C}$ 上の正則関数であるから，最後の主張は補題 5.9，定理 5.11 より導かれる． $\square$

例 6.8

べき級数 $\sum_{n=0}^{\infty} z^n$ は $D(0, 1)$ 上で広義一様収束かつ絶対収束し，$z \in D(0, 1)$ に対して

$$\frac{1}{1-z} = \sum_{n=0}^{\infty} z^n$$

である．

[解説] $z \in D(0, 1)$ とする．$|z| < r < 1$ なる r をとる．$|z|^n < r^n$ であり，$\sum_{n=0}^{\infty} r^n < +\infty$ である．ゆえに定理 6.7 より $\sum_{n=0}^{\infty} z^n$ は $\Delta(0, r)$ で一様収束，かつその各点で絶対収束する．$D(0, 1)$ 内の有界閉集合は，ある $\Delta(0, r)$ に含まれる．ゆえに $\sum_{n=0}^{\infty} z^n$ は $D(0, 1)$ 上で広義一様収束している．このべき級数の第 N 部分和を $F_N(z)$ とおくと，

$$F_N(z) = 1 + z + z^2 + \cdots + z^N,$$
$$z F_N(z) = z + z^2 + \cdots + z^{N+1}$$

であるから，$(1-z)F_N(z) = 1 - z^{N+1}$ である．$z \in \Delta(0, r)$ ならば，$|z^{N+1}| \le r^{N+1} \to 0 \ (N \to \infty)$ より

$$\sum_{n=0}^{\infty} z^n = \lim_{N \to \infty} F_N(z) = \lim_{N \to \infty} \frac{1 - z^{N+1}}{1 - z} = \frac{1}{1 - z}$$

が得られる. □

6.2 正則関数のべき級数展開

前節では, べき級数により正則関数が定義できることを見てきた. 本節では, 逆に C 内の開集合 Ω 上の正則関数 f が Ω に含まれる任意の閉円板上でべき級数として表されることを証明する.

定理 6.9

Ω を C 内の開集合とし, f を Ω 上の正則関数であるとする. $c \in \Omega$ とし, $\Delta(c, r) \subset \Omega$ とする. このとき, f は $D(c, r)$ 上で一様収束かつ絶対収束するべき級数

$$f(z) = \sum_{n=0}^{\infty} a_n (z - c)^n \tag{6.9}$$

により表される. ここで, a_n は $0 < s \le r$ をみたす任意の s に対して

$$a_n = \frac{f^{(n)}(c)}{n!} = \frac{1}{2\pi i} \int_{C(c,s)} \frac{f(\zeta)}{(\zeta - c)^{n+1}} d\zeta \tag{6.10}$$

となっている（第 2 項は s に依存していない量であることに注意).

6.2 正則関数のべき級数展開　107

(6.9) を f の $z = c$ でのべき級数展開という.

[証明]　$z \in D(c, r)$ とする. コーシーの積分公式より

$$f(z) = \frac{1}{2\pi i} \int_{C(c,r)} \frac{f(\zeta)}{\zeta - z} d\zeta \tag{6.11}$$

と表せる. $|z - c| < r$ であるから, $\zeta \in C(c, r)$ に対して,

$$\left| \frac{z - c}{\zeta - c} \right| = \frac{|z - c|}{r} < 1.$$

ゆえに例 6.8 より,

$$\frac{1}{1 - \dfrac{z - c}{\zeta - c}} = \sum_{n=0}^{\infty} \left(\frac{z - c}{\zeta - c} \right)^n$$

であり, この級数は $|z - c| < r$ なる z を固定したとき, $\zeta \in C(c, r)$ に関して一様収束かつ絶対収束していることがわかる. いま

$$\frac{f(\zeta)}{\zeta - z} = \frac{f(\zeta)}{\zeta - c} \frac{1}{1 - \dfrac{z - c}{\zeta - c}} = \frac{f(\zeta)}{\zeta - c} \sum_{n=0}^{\infty} \left(\frac{z - c}{\zeta - c} \right)^n$$

$$= \sum_{n=0}^{\infty} \frac{f(\zeta) (z - c)^n}{(\zeta - c)^{n+1}}$$

であるから, (6.11) と補題 5.12 より

$$f(z) = \frac{1}{2\pi i} \int_{C(c,r)} \sum_{n=0}^{\infty} \frac{f(\zeta) (z - c)^n}{(\zeta - c)^{n+1}} d\zeta$$

$$= \sum_{n=0}^{\infty} \frac{1}{2\pi i} \int_{C(c,r)} \frac{f(\zeta)}{(\zeta - c)^{n+1}} d\zeta \, (z - c)^n$$

が得られる. ここで

$$a_n = \frac{1}{2\pi i} \int_{C(c,r)} \frac{f(\zeta)}{(\zeta - c)^{n+1}} d\zeta \tag{6.12}$$

とおくと (6.9) が得られる. 以下 (6.10) と (6.9) の右辺の収束について考察する. まず定理 5.6 より

$$a_n = \frac{f^{(n)}(c)}{n!} \tag{6.13}$$

となっていることがわかる.

次に, (6.9) が $D(c,r)$ で広義一様収束かつ絶対収束していること
を示す. 有界閉集合 $C(c,r)$ 上の $|f(\zeta)|$ の最大値を M_r とすると,

$$|a_n| \le \frac{1}{2\pi} \int_{C(c,r)} \frac{|f(\zeta)|}{|\zeta-c|^{n+1}} \, |d\zeta| \le \frac{1}{2\pi} \frac{M_r}{r^{n+1}} \int_{C(c,r)} |d\zeta|$$
$$= \frac{M_r}{r^n} \tag{6.14}$$

が成り立っている[1]. これより $z \in D(c,r)$ に対して

$$|a_n(z-c)^n| \le M_r \left(\frac{|z-c|}{r} \right)^n$$

である. ここで $\dfrac{|z-c|}{r} < 1$ であるから, 定理 6.7 より (6.9) は
$D(c,r)$ 上で広義一様収束かつ絶対収束している.

係数 a_n を表わす複素積分 (6.12) の積分路が $C(c,s)$ $(0 < s < r)$ で
もよいことを示す. $G = \{z \in \boldsymbol{C} : s < |z-c| < r\}$ とおく.
$\dfrac{f(\zeta)}{(\zeta-c)^{n+1}}$ は $G \cup C(c,s) \cup C(c,r)$ を含むある開集合[2]で正則である
から, コーシーの定理より

$$0 = \int_{C(c,r)} \frac{f(\zeta)}{(\zeta-c)^{n+1}} d\zeta + \int_{C^-(c,s)} \frac{f(\zeta)}{(\zeta-c)^{n+1}} d\zeta$$

が成り立っている. このことと (6.12) より

$$a_n = \frac{1}{2\pi i} \int_{C(c,s)} \frac{f(\zeta)}{(\zeta-c)^{n+1}} d\zeta$$

である.

---

1) これをコーシーの評価式という.
2) ここで $C(c,s)$, $C(c,r)$ はそれぞれの曲線の軌跡を表しているものとする.

6.2 正則関数のべき級数展開 109

最後に (6.9) が $D(c,r)$ で一様収束していることを示す. $\Delta(c,r) \subset \Omega$ ならば, 十分 r に近い $r' > r$ をとって $\Delta(c,r') \subset \Omega$ とできる. このとき, 上の議論を r' に適用すれば

$$\frac{1}{2\pi i} \int_{C(c,r')} \frac{f(\zeta)}{(\zeta-c)^{n+1}} d\zeta = \frac{f^{(n)}(c)}{n!} = a_n$$

かつ級数 $\sum_{n=0}^{\infty} a_n(z-c)^n$ が $D(c,r')$ で広義一様収束していることがわかる. したがって $D(c,r)$ で一様収束している. □

この定理の系として, 次のことも示しておこう. これはべき級数 (6.15) に関して, 項別に複素微分できることを示すものである.

系 6.10

Ω を $\boldsymbol{C}$ 内の開集合とし, f を Ω 上の正則関数であるとする. $c \in \Omega$ とし, $\Delta(c,r) \subset \Omega$ とする. 定理 6.9 の (6.9) より

$$f(z) = \sum_{n=0}^{\infty} a_n(z-c)^n \tag{6.15}$$

である. このとき, $k = 1, 2, \ldots$ に対して

$$f^{(k)}(z) = \sum_{n=k}^{\infty} n(n-1)\cdots(n-k+1)a_n(z-c)^{n-k}$$

が成り立つ. ただし, ここで右辺のべき級数は $D(c,r)$ 上で一様収束かつ絶対収束している.

[証明] すでに示したように $f'(z)$ も Ω 上の正則関数である. ゆえに定理 6.9 を f' に対して使えば, f' は $D(c,r)$ 上で一様収束かつ絶対収束するべき級数

$$f'(z) = \sum_{n=0}^{\infty} b_n(z-c)^n$$

により表せる．ただし定理 6.9 より

$$b_n = \frac{f^{(n+1)}(c)}{n!} = (n+1)\frac{f^{(n+1)}(c)}{(n+1)!} = (n+1)a_{n+1}$$

である．ゆえに

$$f'(z) = \sum_{n=0}^{\infty} (n+1)a_{n+1}(z-c)^n = \sum_{n=1}^{\infty} na_n(z-c)^{n-1}$$

が成り立っている．この議論をくり返して

$$f^{(k)}(z) = \sum_{n=k}^{\infty} n(n-1)\cdots(n-k+1)a_n(z-c)^{n-k}$$

を示せる． □

定理 6.11

$f(z)$ をある領域 Ω 上の正則関数とする．$c \in \Omega$ に対して $f(c) = 0$ をみたしているとする．このとき Ω 上の正則関数 $F(z)$ で，

$$f(z) = (z-c)F(z) \ (z \in \Omega)$$

となるものが存在する．

[証明] $\Delta(c,r) \subset \Omega$ をみたすように $r > 0$ をとる．このとき，$f(z)$ の $\Delta(c,r)$ でのべき級数展開を

$$f(z) = \sum_{n=0}^{\infty} a_n (z-c)^n \tag{6.16}$$

とする. $a_0 = f(c) = 0$ であるから,

$$f(z) = \sum_{n=0}^{\infty} a_{n+1} (z-c)^{n+1}$$

と表せる. ここで

$$g(z) = \sum_{n=0}^{\infty} a_{n+1} (z-c)^n \tag{6.17}$$

とおくと, $z \in C(c, r)$ に対して, (6.16) は絶対収束しているから

$$\sum_{n=0}^{\infty} |a_{n+1}(z-c)^n| = \frac{1}{|z-c|} \sum_{n=0}^{\infty} |a_{n+1}(z-c)^{n+1}| < +\infty$$

である. ゆえに定理 6.7 より (6.17) は $\Delta(c, r)$ で一様かつ絶対収束している. ゆえに $g(z)$ は $\Delta(c, r)$ 上連続かつ $D(c, r)$ 上の正則関数である. 定義より

$$f(z) = (z-c)g(z) \ (z \in \Delta(c, r))$$

が得られる. $z \in \Omega \setminus \Delta\left(c, \dfrac{r}{2}\right)$ に対して

$$h(z) = \frac{f(z)}{z-c}$$

と定義すると, 明らかに $h(z)$ は $\Omega \setminus \Delta\left(c, \dfrac{r}{2}\right)$ 上の正則関数であり,

$$h(z) = g(z) \ \left(z \in \Delta(c, r) \setminus \Delta\left(c, \frac{r}{2}\right)\right)$$

である. そこで

$$F(z) = \begin{cases} g(z), & z \in \Delta\left(c, \dfrac{r}{2}\right) \\ h(z), & z \in \Omega \smallsetminus \Delta\left(c, \dfrac{r}{2}\right) \end{cases}$$

と定義すると，$F(z)$ は Ω 上の正則関数であり，

$$f(z) = (z - c)F(z) \ (z \in \Omega)$$

が成り立っている． □

問題 6.1 $f(z)$ をある領域 Ω 上の正則関数とする．l を 1 以上の整数とする．$c \in \Omega$ に対して $f^{(k)}(c) = 0 \ (k = 0, \ldots, l)$ をみたしているとする．このとき Ω 上の正則関数 $F(z)$ で，

$$f(z) = (z - c)^l F(z) \ (z \in \Omega)$$

となるものが存在する．

第 7 章

正則関数の著しい諸性質

　本章では正則関数の有用で基本的な性質を学ぶ．リュービルの定理，一致の定理，最大値の原理などである．これらは単なる C^∞ 級関数にはない正則関数の性質である．本章で学ぶ定理は，後でさまざまな正則関数や有理型関数の構成にも用いられる．

114 第7章 正則関数の著しい諸性質

7.1 リュービルの定理

$e^z, \sin z, \cos z$ は整関数になっている．このほか，N 次の z の多項式

$$P(z) = a_N z^N + a_{N-1} z^{N-1} + \cdots + a_1 z + a_0$$

（ただし $a_N \neq 0$）も整関数である．本節では整関数の中で，どのようなものが多項式になっているかを特徴づける．

まず多項式について，その増大の仕方は最高次数の増大の仕方とほぼ同じであることを示す．

補題 7.1

$P(z)$ を z の N 次多項式とする．このとき，ある定数 A_1, $A_2 > 0$ と $R > 0$ が存在し，

$$|z| \geq R \text{ ならば } A_1 |z|^N \leq |P(z)| \leq A_2 |z|^N$$

が成り立つ．

[証明] $P(z) = a_0 + a_1 z + \cdots + a_N z^N$（ただし $a_N \neq 0$）とおく．$A_2 = \sum_{n=0}^{N} |a_n|$ とおく．$|z| > 1$ に対して

$$|P(z)| \leq \sum_{n=0}^{N} |a_n| |z|^n \leq \sum_{n=0}^{N} |a_n| |z|^N \leq A_2 |z|^N$$

である．ゆえに補題の右辺が示された．左辺を示す．$Q(z) = a_0 + a_1 z + \cdots + a_{N-1} z^{N-1}$ とすると，上の考察と同様にして，ある定数 A' が存在し

$$|Q(z)| \leq A' |z|^{N-1} \quad (|z| > 1)$$

が成り立つ. $P(z) = a_N z^N + Q(z)$ と三角不等式から

$$|P(z)| \geq |a_N| |z|^N - |Q(z)| \geq |a_N| |z|^N - A' |z|^{N-1} \quad (|z| > 1)$$

が得られる. ゆえに $R > \max\left\{ \dfrac{2A'}{|a_N|}, 1 \right\}$ とすれば $|z| \geq R$ に対して,
$|z| > \dfrac{2A'}{|a_N|}$ より

$$|P(z)| \geq \left(|a_N| - \frac{A'}{|z|} \right) |z|^N \geq \frac{|a_N|}{2} |z|^N$$

である. よって $A_1 = \dfrac{|a_N|}{2}$ とおけばよい. □

じつは, この定理の逆が本質的にリュービルの定理である.

定理7.2

f を整関数とする. N を 0 以上の整数とする. ある実数
$A > 0$ と $R > 0$ が存在し,

$$|f(z)| \leq A |z|^N \quad (|z| \geq R) \tag{7.1}$$

が成り立つならば, $f(z)$ は高々 N 次の多項式である. さらに
ある定数 $A' > 0$ で

$$A' |z|^N \leq |f(z)| \leq A |z|^N \quad (|z| \geq R) \tag{7.2}$$

となるものが存在するならば, $f(z)$ は N 次の多項式である.

[証明]　f の 0 でのべき級数による表示を

$$f(z) = \sum_{n=0}^{\infty} a_n z^n$$

とする. r を $r \geq R$ なる任意の正数とする. 有界閉集合 $\{z \in \boldsymbol{C} : |z| = r\}$ 上での連続関数 $|f|$ の最大値を M_r とおく. コーシーの評価式 (6.14) より

$$|a_n| \leq \frac{M_r}{r^n}$$

が成り立つ. 一方 (7.1) より, $M_r \leq Ar^N$ であるから, $n > N$ の場合は

$$|a_n| \leq Ar^{N-n} \to 0 \ (r \to \infty)$$

となっている. ゆえに $f(z) = \sum_{n=0}^{N} a_n z^n$ である. 後半の主張については, (7.2) と補題 7.1 から $a_N \neq 0$ であることが示される. □

特に $N = 0$ の場合の定理 7.2 の主張を言い換えれば次のようになる. これが一般にリュービルの定理と呼ばれている.

系7.3

有界な整関数 $f(z)$ は定数関数に限る. すなわち, $f(z)$ は z に関係なく, 一定の値をとる.

リュービルの定理の興味深い応用の一つに代数学の基本定理の証明がある. リュービルの定理を用いた代数学の基本定理の証明を述べる.

補題7.4

N を 1 以上の整数で, $P(z) = a_N z^N + a_{N-1} z^{N-1} + \cdots + a_0 \ (a_N \neq 0)$ とする. このとき, $P(z_0) = 0$ をみたす点 $z_0 \in \boldsymbol{C}$ が存在する.

図 **7**-1 リュービル（Joseph Liuville, 1809-1882）.

[証明] もしも $P(z) = 0$ なる点 z が存在しないとするならば，$\dfrac{1}{P(z)}$ は $\boldsymbol{C}$ 上で正則である．補題 7.1 より，ある定数 $A_1 > 0$ と十分大きな $R > 0$ が存在し，$|z| \geq R$ なる z に対して $|P(z)| \geq A_1 |z|^N$ となっている．ゆえに

$$\left|\frac{1}{P(z)}\right| \leq \frac{1}{A_1 |z|^N} \leq \frac{1}{A_1 R^N} \quad (|z| \geq R)$$

である．また，$\left|\dfrac{1}{P(z)}\right|$ は有界閉集合 $\Delta(0, R)$ 上で連続であるから，その最大値 M_1 が存在する．以上のことから

$$\left|\frac{1}{P(z)}\right| \leq \max\left\{M_1, \frac{1}{A_1 R^N}\right\} \quad (z \in \boldsymbol{C})$$

となり，$\dfrac{1}{P(z)}$ が $\boldsymbol{C}$ 上の有界な正則関数であることがわかる．したがってリュービルの定理から $\dfrac{1}{P(z)}$ は定数関数である．これは $P(z)$ が 1 次以上の次数の多項式であることに反する． □

定理 7.5 **代数学の基本定理**

$P(z) = a_N z^N + a_{N-1} z^{N-1} + \cdots + a_0 \ (a_N \neq 0, N \geq 1)$ とする．このとき，N 個の複素数 $\alpha_1, \ldots, \alpha_N$ で（ただし重複も許す），

118　第7章　正則関数の著しい諸性質

$$P(z) = a_N (z - \alpha_0) \cdots (z - \alpha_N)$$

をみたすものが存在する．すなわち，方程式 $P(z) = 0$ は重複
も込めて N 個の複素数の解をもつ．

[証明]　補題 7.4 より，$P(\alpha_1) = 0$ をみたす α_1 が存在する．このと
き

$$P(z) = P((z - \alpha_1) + \alpha_1) = \sum_{k=0}^{N} a_k ((z - \alpha_1) + \alpha_1)^k$$

$$= a_N (z - \alpha_1)^N + a'_{N-1}(z - \alpha_1)^{N-1} + \cdots + a'_1(z - \alpha_1) + a'_0$$

（ただし $a'_0, \ldots, a'_{N-1}$ はある複素数）と表せる．$P(\alpha_1) = 0$ より $a'_0 = 0$ である．ゆえに

$$P(z) = (z - \alpha_1) \left\{ a_N (z - \alpha_1)^{N-1} + a'_{N-1}(z - \alpha_1)^{N-2} + \cdots + a'_1 \right\}$$

である．ここで，$a_N (z - \alpha_1)^{N-1} + a'_{N-1}(z - \alpha_1)^{N-2} + \cdots + a'_1$ は
$N-1$ 次の z の多項式であり，これに対して再び上述の議論を繰り返
す．この議論をさらに繰り返せば定理が証明される．　　□

　定理 7.2，系 7.3 はさらに『有理型関数』（[1]）の巻で活躍する
ことになる．

7.2　一致の定理

Ω を $\boldsymbol{C}$ 内の領域とし，f を Ω 上の正則関数であるとする．

$$f(z) = 0$$

をみたす z を f の零点という. f の零点からなる集合を

$$Z(f) = \{z : z \in \Omega,\ f(z) = 0\}$$

とおく. ただし $Z(f) = \varnothing$ ($\varnothing$ は空集合を意味する) の場合もある.

$$Z(f) = \Omega$$

であることを f は Ω 上で恒等的に 0 であるといい, Ω 上で $f = 0$ と表わす. Ω 上で $f = 0$ ではないとは, $Z(f) \neq \Omega$ となっていることである.

次の定理が成り立つ.

定理 7.6 　**一致の定理**

Ω を $\boldsymbol{C}$ 内の領域とし, f を Ω 上の正則関数であるとする. もしも $Z(f)$ が無限個の点を含み, しかもそのうち相異なる点からなる列 $\{z_n\}_{n=1}^{\infty}$ で, Ω 内に極限 $c = \lim_{n \to \infty} z_n$ をもつようなものが存在するならば, f は Ω 上で恒等的に 0 である.

この定理の証明のために, 次の幾何学的な補題を使う.

補題 7.7

Ω を $\boldsymbol{C}$ 内の領域とし, $c, c' \in \Omega$, $c \neq c'$ とする. l を始点が c であり, 終点が c' の Ω 内の区分的に C^1 級曲線とする. このとき, l 上の有限個の点 $c_0, c_1, \ldots, c_N$ と, 正数 $\varepsilon > 0$ を, 次の条件をみたすようにとることができる (図 7-2 参照).

$$c_0 = c,\ c_N = c',$$
$$l \subset \bigcup_{j=0}^{N} D(c_j, \varepsilon) \subset \bigcup_{j=0}^{N} \Delta(c_j, \varepsilon) \subset \Omega,$$
$$c_{k+1} \in D(c_k, \varepsilon)\ (k = 0, \ldots, N-1).$$

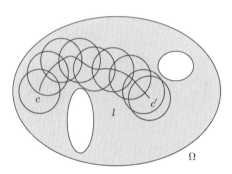

図 7-2　Ω 内の任意の 2 点を結ぶ曲線に沿う Ω 内の開円板の列.

この補題の厳密な証明は付録に記す（ただし直観的には正しそうであることはわかるであろう）．ここでは，この補題を用いて一致の定理の証明を行う．

[定理 7.6 の証明]　$c \notin \{z_n\}_{n=1}^{\infty}$ を仮定しても一般性を失わない（なぜなら，もし $c \in \{z_n\}_{n=1}^{\infty}$ でも $c = z_{n_0}$ となる z_{n_0} はただ一つしかないので，それを除いた点列を考えればよい）．f は連続であるから，$f(c) = \lim_{n \to \infty} f(z_n) = 0$ である．ゆえに定理 6.11 より，Ω 上の正則関数 $F_1(z)$ が存在し，$f(z) = (z - c)F_1(z)$ が成り立っている．

$$F_1(z_n) = \frac{f(z_n)}{z_n - c} = 0\ (n = 1, 2, \ldots)$$

であるから，$F_1(c) = \lim_{n \to \infty} F_1(z_n) = 0$ が得られる．ゆえに定理 6.11 より，$F_1(z) = (z - c)F_2(z)$ をみたす Ω 上の正則関数 $F_2(z)$ が存在する．

$$f(z) = (z - c)^2 F_2(z)$$

である. ゆえに

$$F_2(z_n) = \frac{f(z_n)}{(z_n - c)^2} = 0 \ (n = 1, 2, \ldots)$$

であり, F_2 は Ω 上連続であるから $F_2(c) = \lim_{n \to \infty} F_2(z_n) = 0$ が得られる. ゆえに $F_2(z) = (z - c)F_3(z)$ なる Ω 上の正則関数 F_3 が存在する. この議論を繰り返せば, 任意の非負整数 m に対して,

$$f(z) = (z - c)^{m+1} F_{m+1}(z)$$

をみたす Ω 上の正則関数 F_{m+1} が存在する. したがって

$$f^{(m)}(c) = 0$$

となっている.

さて, $\Delta(c, r) \subset \Omega$ となるように $r > 0$ をとり, $f(z)$ の $\Delta(c, r)$ 上でのべき級数展開を $f(z) = \sum_{m=0}^{\infty} a_m (z - c)^m$ とすると,

$$a_m = \frac{f^{(m)}(c)}{m!} = 0 \ (m = 0, 1, 2, \ldots)$$

であるから, $f(z) = 0 \ (z \in D(c, r))$ である.

任意に $c' \in \Omega$ をとり, c を始点とし, c' を終点とするような Ω 内の区分的に C^1 級の曲線 l をとる. 補題 7.7 の点 $c_j \ (j = 0, \ldots, N)$ と $\varepsilon > 0$ をとる. 上記の議論により $D(c_0, \varepsilon)$ 上で $f = 0$ である. $c_1 \in D(c_0, \varepsilon)$ であるから, c_1 に収束するような $D(c_0, \varepsilon)$ 内の相異なる点からなる点列をとることができ, c_1 に対して上記の議論が適用できて, $D(c_1, \varepsilon)$ 上で $f = 0$ となる. 以下, この議論を続ければ $D(c_N, \varepsilon)$ で $f = 0$ も得られる. $c' \in D(c_N, \varepsilon)$ で, c' は Ω 上の任意の点であるから Ω 上で $f = 0$ である. □

122　第7章　正則関数の著しい諸性質

　複素指数関数のように，実軸（あるいはその一部）上で定義された実数値関数を複素平面全体に正則関数に拡張することがある．その拡張が一意的かどうかという問題が生ずる．一致の定理はその一意性を保証してくれる．

系7.8

　Ω を $\boldsymbol{C}$ 内の領域とする．$I \subset \boldsymbol{R}$ を開区間とし，$I \subset \Omega$ とする．f, g を Ω 上の正則関数で，

$$f(x) = g(x) \ (x \in I)$$

とすると，$f(z) = g(z) \ (z \in \Omega)$ である．

[証明]　$F = f - g$ とおく．$I = (a, b)$ とする．$c = \dfrac{a+b}{2}$ とし，$z_n = c + \dfrac{b-a}{n+2} \ (n = 1, 2, \ldots)$ とすれば，$z_n \in I$ であり，$F(z_n) = 0$ である．$\lim_{n \to \infty} z_n = c \in \Omega$ であるから，一致の定理より $F(z) = 0 \ (z \in \Omega)$ である．　　　　　　　　　　　　□

　この系から次のことが成り立つことは明らかであろう．

系7.9

　例 2.17 の $\exp(z)$ と定理 6.5 においてべき級数で定義した e^z について，

$$\exp(z) = e^z \ (z \in \boldsymbol{C})$$

である．

　この系を用いれば次のことも容易に示せる．

7.2 一致の定理　123

系7.10

$z \in \boldsymbol{C}$ に対して $e^{-z} = \dfrac{1}{e^z}$.

[証明]　系 7.9 と問題 2.6（証明は解答参照）による.　　□

　一致の定理の有用な系を証明しておく.

系7.11

　Ω を $\boldsymbol{C}$ 内の領域とし，f を Ω 上の正則関数とする．もしも，ある空でない開集合 $D \subset \Omega$ 上で $f(z) = 0$ であれば，Ω 上で $f = 0$ である.

[証明]　開集合の定義から，D はある開円板 $D(c,r)$ を含む．$z_n = c + \dfrac{r}{n+1}$ $(n = 1, 2, \ldots)$ とすれば，$z_n \in D$ かつ $\lim\limits_{n \to \infty} z_n = c \in D$ である．ゆえに一致の定理より Ω 上で $f = 0$ である.　　□

系7.12

　Ω を $\boldsymbol{C}$ 内の領域とし，f を Ω 上の正則関数とする．もしも，ある空でない開集合 $D \subset \Omega$ 上で $f'(z) = 0$ であれば，f は Ω 上で定数である.

[証明]　$D(c,r) \subset D$ とする．$\dfrac{\partial f}{\partial z} = f' = 0$ かつ正則性から $\dfrac{\partial f}{\partial \bar{z}} = 0$ でもあるから，$D(c,r)$ 上で

$$\frac{\partial f}{\partial x} = \frac{\partial f}{\partial y} = 0$$

となっている．ゆえに $u = \operatorname{Re} f$, $v = \operatorname{Im} f$ とすると，

$$\frac{\partial u}{\partial x} = \frac{\partial u}{\partial y} = 0, \ \frac{\partial v}{\partial x} = \frac{\partial v}{\partial y} = 0$$

である. そこで定理 2.9 を u, v に適用すれば, u, v が $D(c, r)$ 上で定数であることが示せる. したがって, f も $D(c, r)$ 上で定数となる. ゆえに $f - f(c)$ は $D(c, r)$ 上では恒等的に 0 である. $f - f(c)$ は Ω 上で正則であるから, 系 7.11 より $f(z) - f(c) = 0 \ (z \in \Omega)$ であることがわかる. $\qquad\square$

問題7.1 C 内の領域 Ω 上の正則関数 $f(z)$ が, Ω 内のある開集合 U 上で実数値をとっているとする. このとき f は Ω 上実定数である.

7.3 最大値の原理

C 内の領域 Ω 上の定数関数でない正則関数 $f(z)$ は Ω 内で, その絶対値が極大値をとらないことを示す. これは最大値の原理と呼ばれている正則関数の重要な性質の一つである. 最大値の原理の証明のため, 少し準備をしておく.

$$\triangle = 4 \frac{\partial}{\partial z} \frac{\partial}{\partial \overline{z}}$$

とおく. f が Ω 上の C^2 級関数の場合,

$$\begin{aligned}
\triangle f &= 4 \frac{\partial}{\partial z} \frac{\partial}{\partial \overline{z}} f = \left(\frac{\partial}{\partial x} - i \frac{\partial}{\partial y} \right) \left(\frac{\partial}{\partial x} + i \frac{\partial}{\partial y} \right) f \\
&= \left(\frac{\partial^2}{\partial x^2} + \frac{\partial^2}{\partial y^2} \right) f \tag{7.3}
\end{aligned}$$

である. $\triangle$ をラプラシアンという. 次のことが成り立つ.

7.3 最大値の原理　125

補題 7.13

$f(z)$ が Ω 上で正則ならば,

$$\triangle \left| f(z) \right|^2 = 4 \left| f'(z) \right|^2 \ (z \in \Omega).$$

[証明]　$\left| f(z) \right|^2 = f(z)\overline{f(z)}$ であるから,

$$\frac{\partial}{\partial z} \frac{\partial}{\partial \overline{z}} (|f|^2) = \frac{\partial}{\partial z} \frac{\partial}{\partial \overline{z}} (f\overline{f}) = \frac{\partial}{\partial z} \left(\frac{\partial f}{\partial \overline{z}} \overline{f} + f \frac{\partial \overline{f}}{\partial \overline{z}} \right) = \frac{\partial}{\partial z} \left(f \frac{\partial \overline{f}}{\partial \overline{z}} \right)$$

$$= \frac{\partial f}{\partial z} \frac{\partial \overline{f}}{\partial \overline{z}} + f \frac{\partial}{\partial z} \frac{\partial \overline{f}}{\partial \overline{z}} = \frac{\partial f}{\partial z} \overline{\frac{\partial f}{\partial z}} + f \frac{\partial}{\partial \overline{z}} \overline{\frac{\partial f}{\partial z}}$$

$$= \frac{\partial f}{\partial z} \overline{\frac{\partial f}{\partial z}} = \left| \frac{\partial f}{\partial z} \right|^2 = \left| f' \right|^2. \qquad \square$$

補題 7.14

Ω を C 内の領域とする. $f(z)$ が Ω 上で正則で, $|f(z)|$ が Ω 上定数になっていれば, $f(z)$ も Ω 上定数である.

[証明]　$\triangle \left| f(z) \right|^2 = 0 \ (z \in \Omega)$ であるから, 前補題より $f'(z) = 0$ $(z \in \Omega)$ である. したがって系 7.12 より f は Ω 上で定数である.　$\square$

定理 7.15　**最大値の原理**

Ω を C 内の領域とする. $f(z)$ が Ω 上で正則であるとする. もしも $|f(z)|$ が Ω 上で局所的に最大値(すなわち Ω のある開部分集合において最大値)をとるならば, f は定数関数である.

[証明]　$z_0 \in \Omega$ を $|f|$ が局所的に最大値をとる点とする. このとき, 十分小さな $r > 0$ をとれば, $\Delta\,(z_0, r) \subset \Omega$ かつ

$$|f(z)| \le |f(z_0)| \ (z \in \Delta(z_0, r))$$

である．もしも $\left| f(z_0 + se^{it_0}) \right| < |f(z_0)|$ なる点 $z_0 + se^{it_0} \in D(z_0, r)$ が存在するとする．このとき，$|f|$ の連続性から，ある $\delta > 0$ とある開区間 $(\alpha, \beta) \subset [0, 2\pi)$ を

$$\left| f(z_0 + se^{it}) \right| < \delta < |f(z_0)| \ (t \in (\alpha, \beta))$$

となるようにとれる．このことから，

$$
\begin{aligned}
&\frac{1}{2\pi} \int_0^{2\pi} \left| f(z_0 + se^{it}) \right| dt \\
&= \frac{1}{2\pi} \int_{[0,2\pi) \smallsetminus (\alpha,\beta)} \left| f(z_0 + se^{it}) \right| dt + \frac{1}{2\pi} \int_\alpha^\beta \left| f(z_0 + se^{it}) \right| dt \\
&\le \frac{1}{2\pi} (2\pi - (\beta - \alpha)) |f(z_0)| + \frac{1}{2\pi} (\beta - \alpha) \delta \\
&< \frac{1}{2\pi} (2\pi - (\beta - \alpha)) |f(z_0)| + \frac{1}{2\pi} (\beta - \alpha) |f(z_0)| \\
&= |f(z_0)| \tag{7.4}
\end{aligned}
$$

が得られる．一方，コーシーの積分公式より

$$f(z_0) = \frac{1}{2\pi i} \int_{C(z_0, s)} \frac{f(\zeta)}{\zeta - z_0} d\zeta,$$

が成り立つ．したがって，$z(t) = z_0 + se^{it}$ とおくと，

$$
\begin{aligned}
|f(z_0)| &= \frac{1}{2\pi} \left| \int_0^{2\pi} \frac{f(z(t))}{z(t) - z_0} z'(t) dt \right| = \frac{1}{2\pi} \left| \int_0^{2\pi} \frac{f(z_0 + se^{it})}{se^{it}} sie^{it} dt \right| \\
&\le \frac{1}{2\pi} \int_0^{2\pi} \left| f(z_0 + se^{it}) \right| dt
\end{aligned}
$$

である．これは (7.4) に矛盾する．ゆえに $|f(z)| = |f(z_0)|$ $(z \in D(z_0, r))$ でなければならない．ゆえに補題 7.14 より f は $D(z_0, r)$ で定数である．ゆえに一致の定理から Ω 上で定数であることが示された． $\square$

最大値の原理の有用な帰結の一つを示しておく．そのために一般の集合 $\Omega \subset \boldsymbol{C}$ に対して，その境界を定義しておく．$z \in \boldsymbol{C}$ が Ω の**集積点**であるとは，ある $z_n \in \Omega$ $(n = 1, 2, \ldots)$ で，

$$\lim_{n \to \infty} z_n = z$$

となるものが存在することである．z が Ω の点の場合は $z_n = z$ $(n = 1, 2, \ldots)$ ととれば，z が Ω の集積点であることがわかる．しかし Ω に属さない点が Ω の集積点になっていることもある．たとえば $D(c, r)$ については，円周 $C(c, r)$ の点は $D(c, r)$ の集積点になっている．なぜならば，$\zeta \in C(c, r)$ とすると，$\zeta = c + re^{it}$ $(t \in [0, 2\pi))$ と表されるが，$z_n = c + r\left(1 - \dfrac{1}{n}\right)e^{it}$ $(n = 1, 2, \ldots)$ とすると，$z_n \in D(c, r)$ であり，$z_n \to \zeta$ $(n \to \infty)$ である．

一般に

$$\Omega^a = \{z \in \boldsymbol{C} : z \text{ は } \Omega \text{ の集積点}\}$$

と表し，Ω^a を Ω の**閉包**という．明らかに $\Omega \subset \Omega^a$ であり，Ω^a は閉集合である．たとえば

$$D(c, r)^a = \triangle(c, r)$$

である．

開集合 Ω の**境界**は次のように定義される．

$$b\Omega = \{z : z \in \Omega^a,\ z \notin \Omega\}.$$

たとえば

$$bD(c, r) = \{z : z \in \boldsymbol{C},\ |z - c| = r\}$$

である．Ω を定義 4.9 で定めたものとすると，$b\Omega = C$ であることが証明できる．$\Omega = \boldsymbol{C}$ の場合は，$b\Omega = \varnothing$ である．

128　第 7 章　正則関数の著しい諸性質

最大値の原理から次のことが示せる.

系 7.16

Ω を $\boldsymbol{C}$ 内の有界領域とする. $f(z)$ が Ω^a 上の定数関数でない連続関数で, Ω 上で正則であるとする. このとき, $|f(z)|$ は Ω^a で最大値をもち, しかも最大値をとる点は境界 $b\Omega$ 上にあり, Ω 内にはない.

[証明]　Ω^a は有界閉集合であり, $|f(z)|$ は Ω^a 上の実数値連続関数である. したがって, $|f(z)|$ は Ω^a 上で最大値をとる. しかし, 最大値の原理より最大値をとる点は Ω 内にはありえない. ゆえに最大値をとる点は, 境界上にのみ存在し得る. □

系 7.17

Ω を $\boldsymbol{C}$ 内の有界領域とする. f, g を Ω^a 上の連続関数で, Ω 上正則であるとする. もしも $f(z) = g(z)$ $(z \in b\Omega)$ ならば $f(z) = g(z)$ $(z \in \Omega^a)$ である.

[証明]　$h(z) = f(z) - g(z)$ とし, h に系 7.16 を用いればよい. □

第 **8** 章

正則関数の原始関数

　本章では正則関数の原始関数について述べる．次に原始関数を用いて，正則関数 $g(z)$ の対数関数 $\log g(z)$ ならびに複素数 α に対する複素べき $g(z)^{\alpha}$ を定義する．これらの関数の処理が解析学では必要になることが多々ある．対数関数や複素べきを正則関数として扱うために分枝の考え方も学ぶ．そのほか調和関数への応用についても解説する．

130　第 8 章　正則関数の原始関数

8.1　正則関数の原始関数の存在

Ω を $\boldsymbol{C}$ 内の領域とする．Ω 上の正則関数 $f(z)$ に対して，Ω 上の正則関数 $F(z)$ で

$$F'(z) = f(z) \quad (z \in \Omega)$$

をみたすものが存在するとき，$f(z)$ は**原始関数** $F(z)$ をもつという．もし $f(z)$ の原始関数が存在するならば，定数の差を除いて一意的である．実際，$F(z), G(z)$ が $f(z)$ の原始関数ならば

$$\frac{\partial}{\partial z}(F - G) = f - f = 0$$

であるから系 7.12 より $F - G$ は Ω 上で定数である．

本節では，単連結な領域を定義し，単連結な領域では，任意の正則関数が原始関数をもつことを証明する．

定義 8.1

Ω を $\boldsymbol{C}$ 内の領域とする．区分的に C^1 級のジョルダン閉曲線 C が $C \subset \Omega$ であるならば，C で囲まれる有界領域 D も $D \subset \Omega$ となるとき，Ω は**単連結**であるという．

たとえば，Ω が 1 個の区分的に C^1 級のジョルダン閉曲線で囲まれた有界領域のとき，Ω は単連結である．しかし，定義 4.9 の $N \geq 1$ のような有界領域は単連結ではない（図 4-4 の領域は単連結であるが，図 4-5 のそれは単連結でない）．なぜならば，たとえば図 4-5 の場合，Ω_1 を囲むような Ω 内の区分的に C^1 級のジョルダン閉曲線 C' を考えると，C' で囲まれる領域は Ω の穴を埋めているので，Ω に含まれることはないからである．

後の議論のために，折れ線を定義しておく（注意 B.3 を参照）．

定義 8.2

連続曲線 $C = \{z(t) : t \in [a, b]\}$ が折れ線であるとは，C が有限個の C 内の線分からなることである．

定理 8.3

Ω を C 内の単連結な領域とする．$f(z)$ が Ω 上の正則関数であるならば，$f(z)$ は原始関数をもつ．

[証明] $z_0 \in \Omega$ を任意にとり固定する．$z \in \Omega$ に対して，z_0 を始点とし，z を終点とする折れ線 C_1 をとることができる（注意 B.3 を参照）．以下では，複素積分

$$F(z) = \int_{C_1} f(\zeta) d\zeta$$

により z の関数を定義できることを示す．そのためには，z_0 を始点とし，z を終点とする別の折れ線 C_2 に対しても

$$\int_{C_1} f(\zeta) d\zeta = \int_{C_2} f(\zeta) d\zeta$$

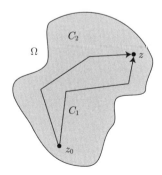

図 8-1 Ω 内の z_0 から z への路．

であることを示せばよい. もし C_1 と C_2 が端点以外に自分自身とも交わらないならば (図 8-1 参照), C_1 の終点と C_2^- (C_2^- の定義については 4.1 節を参照) の始点をつなげた曲線を C とすると, C は区分的に C^1 級のジョルダン閉曲線になる. C で囲まれる領域は Ω に含まれるから, 定理 4.5(3) とコーシーの定理より

$$\int_{C_1} f(\zeta)d\zeta - \int_{C_2} f(\zeta)d\zeta = \int_C f(\zeta)d\zeta = 0$$

である. 一般には C は有限個の領域を囲み得るが, この場合も囲んだ個々の領域で上記の議論を用いれば,

$$\int_{C_1} f(\zeta)d\zeta = \int_{C_2} f(\zeta)d\zeta$$

を示すことができる.

次に, $F'(z) = f(z)$ となることを示す. $z \in \Omega$ と $z + h \in \Omega$ をとる (図 8-2 参照). $|h|$ が十分小さければ z と $z + h$ を結ぶ線分 L は Ω に含まれる. z_0 と z を結ぶ折れ線 C_1 とし, z_0 と $z + h$ を結ぶ折れ線を C_2 とする. このとき C_1^- と C_2 を z_0 でつないだ曲線を C とすると, 上の議論と同様にして,

$$\int_C f(\zeta)d\zeta = \int_L f(\zeta)d\zeta$$

である. ゆえに

$$F(z+h) - F(z) = \int_{C_2} f(\zeta)d\zeta - \int_{C_1} f(\zeta)d\zeta = \int_C f(\zeta)d\zeta$$
$$= \int_L f(\zeta)d\zeta$$

である. また,

$$\frac{1}{h}\int_L d\zeta = \frac{1}{h}(z + h - z) = 1$$

である. 任意の $\varepsilon > 0$ に対して, ある $\delta > 0$ が存在し, $w \in \Delta(z, \delta)$

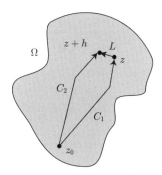

図 8-2　複素微分のための積分路.

ならば $|f(w) - f(z)| < \varepsilon$ であるから，$|h| < \delta$ のとき

$$\left| \frac{F(z+h) - F(z)}{h} - f(z) \right| = \left| \frac{1}{h} \int_L f(\zeta) d\zeta - f(z) \right|$$
$$= \left| \frac{1}{h} \int_L (f(\zeta) - f(z)) d\zeta \right|$$
$$\leq \frac{1}{|h|} \int_L |f(\zeta) - f(z)| |d\zeta| \leq \varepsilon$$

となっている．ゆえに $F'(z) = f(z)$ が得られる．以上のことから F の正則性も得られる． □

8.2　原始関数による正則関数の対数の定義

本節では正則関数に対する対数を定義し，その性質について学ぶ．混乱を避けるために，本節と次節では，既知の実変数関数としての対数関数を便宜上 $\log_R x \ (x > 0)$ で表わす（対数の底は e とする）．

$g(z)$ を $\boldsymbol{C}$ 内の領域 Ω 上の正則関数とする．このとき，指数関数 e^z と $g(z)$ の合成関数 $e^{g(z)}$ は Ω 上の正則関数になっている（定理

2.18). この関数は Ω 上に零点をもたない. なぜならば, $\operatorname{Re} g(z)$ $\in \boldsymbol{R}$ であるから,

$$\left|e^{g(z)}\right| = e^{\operatorname{Re} g(z)} \neq 0$$

である. 逆に単連結領域上では次のことが成り立つ.

定理 8.4

Ω を $\boldsymbol{C}$ 内の単連結領域とする. Ω 上の正則関数 f が Ω 上に零点をもたないならば

$$f(z) = e^{g(z)} \quad (z \in \Omega) \tag{8.1}$$

をみたす Ω 上の正則関数 g が存在する.

[証明] $\dfrac{f'(z)}{f(z)}$ は Ω 上で正則であるから, 定理 8.3 より, これの原始関数 $h(z)$, すなわち $h'(z) = \dfrac{f'(z)}{f(z)}$ をみたす Ω 上の正則関数 h が存在する.

$$\left(fe^{-h}\right)' = f'e^{-h} - fe^{-h}h' = f'e^{-h} - fe^{-h}\frac{f'}{f}$$
$$= f'e^{-h} - f'e^{-h} = 0$$

である. fe^{-h} は正則であるから系 7.12 より, $fe^{-h} = c$ (c は定数) でなければならない. したがって

$$f(z) = ce^{h(z)}$$

である. なお f は零点をもたないので, $c \neq 0$ である. いまこの定数を $c = re^{it}$ ($r > 0, 0 \leq t < 2\pi$) と表したとき, $g(z) = h(z) + \log_{\boldsymbol{R}} r + it$ と定義すると, g は Ω で正則で,

$$e^{g(z)} = e^{h(z)} e^{\log_R r} e^{it} = r e^{it} e^{h(z)} = c e^{h(z)} = f(z)$$

である. □

(8.1) をみたす正則関数 g は一つではない. 実際, $f(z) = e^{\tilde{g}(z)}$ とすると,

$$1 = \frac{f(z)}{f(z)} = e^{g(z) - \tilde{g}(z)}$$

であるから, $g(z) - \tilde{g}(z) = 2\pi i k \ (k \in \mathbf{Z})$ であり, (8.1) をみたす正則関数は $2\pi i k$ の違いで無限個存在する. (8.1) をみたす正則関数 $g(z)$ を一つ定めることを, $f(z)$ の**対数関数の分枝**を一つ定めるといい, その $g(z)$ を $\log f(z)$ で表わす.

分枝 $\log f(z)$ は Ω 上で正則であり,

$$f'(z) = g'(z) e^{g(z)} = (\log f)' (z) f(z)$$

が成り立つ. したがって,

$$(\log f)' (z) = \frac{f'(z)}{f(z)} \tag{8.2}$$

となっている.

さて, $\log f(z)$ を $f(z)$ の対数関数の分枝の一つとすると

$$f(z) = e^{\log f(z)} = e^{\mathrm{Re} \log f(z)} e^{i \, \mathrm{Im} \log f(z)}$$

である. 絶対値をとれば, $|f(z)| = e^{\mathrm{Re} \log f(z)}$ となる. したがって

$$\log_{\boldsymbol{R}} |f(z)| = \mathrm{Re} \log f(z)$$

である. また

$$f(z) = e^{\mathrm{Re} \log f(z)} e^{i \, \mathrm{Im} \log f(z)} = |f(z)| \, e^{i \, \mathrm{Im} \log f(z)}$$

であるから，

$$\operatorname{Im} \log f(z) \in \arg f(z) \tag{8.3}$$

でなければならない．しかも $\operatorname{Im} \log f(z)$ は Ω 上で連続関数となっている．

8.3 対数関数

特に $f(z) = z$ の対数関数を考えてみよう．この場合，$f(z)$ は，原点を除いた複素平面 $\boldsymbol{C} \smallsetminus \{0\}$ で正則かつ零点をもたない．しかし $\boldsymbol{C} \smallsetminus \{0\}$ は単連結ではない．実変数関数としての対数関数との比較から，$\log z$ を $(0, +\infty)$ 上でも考えたいので，この部分が残るように，複素平面から非正の実数を除いた単連結領域 $\boldsymbol{C} \smallsetminus (-\infty, 0]$ を考える（図8-3）．このようにすれば $(0, +\infty) \subset \boldsymbol{C} \smallsetminus (-\infty, 0]$ であり，z は $\boldsymbol{C} \smallsetminus (-\infty, 0]$ 上に零点をもたない正則関数である．この領域で z の対数関数の分枝 $\log z$ をとる．$(-\infty, 0]$ を $\log z$ の切り込み線あるいは截線（branch cut）という．

$x > 0$ に対して

$$e^{\log x} = x = e^{\log_R x}$$

であるから

$$\log x = \log_R x + 2\pi i k, \ k \in \boldsymbol{Z}$$

をみたす．特に $k = 0$ となるような $\log z$ の分枝を対数関数 $\log z$ の主分枝という．$\log z$ の主分枝を $\operatorname{Log} z$ で表わす．主分枝では $x > 0$ に対しては，$\operatorname{Log} x = \log_R x$ となっている．

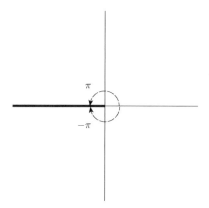

図 8-3 対数関数の分枝の切り込み線.

つまり $\operatorname{Log} z$ は $\log_R x$ を $\boldsymbol{C} \smallsetminus (-\infty, 0]$ 上の正則関数に拡張したものとなっている.

命題 8.5

$$\operatorname{Log} z = \log_R |z| + i \operatorname{Arg} z \quad (z \in \boldsymbol{C} \smallsetminus (-\infty, 0])$$

[証明] $u(z) = \operatorname{Re}(\operatorname{Log} z)$, $v(z) = \operatorname{Im}(\operatorname{Log} z)$ とおく. $z \in \boldsymbol{C} \smallsetminus (-\infty, 0]$ は

$$z = |z| e^{it} \quad (-\pi < t < \pi)$$

と表せる. $t = \operatorname{Arg} z$ である. したがって

$$e^{u(z)+iv(z)} = e^{\operatorname{Log} z} = z = |z| e^{i \operatorname{Arg} z}$$

である. ゆえに $e^{u(z)} = |z|$ かつ $v(z) = \operatorname{Arg} z + 2\pi n$ $(n \in \boldsymbol{Z})$ である. したがって, $u(z) = \log_R |z|$ である. 特に $\operatorname{Arg} z = 0$ の場合, $z = |z|$ であるから

$$\log_R |z| + iv(z) = u(z) + iv(z) = \operatorname{Log} z = \operatorname{Log} |z| = \log_R |z|.$$

138　第 8 章　正則関数の原始関数

ゆえに $n = 0$ でなければならない．よって命題が証明された．　　□

注意 8.6　ところで，$x < 0$ とし，$z = x + iy$ とする．命題 8.5 より $y > 0$ かつ $y \to 0$ のとき，

$$\operatorname{Log} z \to \log_{\boldsymbol{R}} |x| + i\pi$$

である．一方，$y < 0$ かつ $y \to 0$ のとき，

$$\operatorname{Log} z \to \log_{\boldsymbol{R}} |x| - i\pi$$

である．したがって，$\operatorname{Log} z$ は $(-\infty, 0)$ を超えて連続的に拡張することはできない．しかし $z \in (-\infty, 0)$ のときは

$$\exp\left(\log_{\boldsymbol{R}} |z| + i\pi\right) = \exp\left(\log_{\boldsymbol{R}} |z| - i\pi\right) = -|z| = z$$

である．そこで，たとえば，$z \in (-\infty, 0)$ に対しては

$$\operatorname{Log} z = \log_{\boldsymbol{R}} |z| + i\pi \tag{8.4}$$

と定義すると，$\operatorname{Log} z$ を $\boldsymbol{C} \smallsetminus \{0\}$ 上の関数として定義でき，$(-\infty, 0)$ では不連続であるが，$\exp\left(\operatorname{Log} z\right) = z$ の関係式をみたす．

以下では，本書（及び [1]）では特に断らない限り $z \in (-\infty, 0)$ に対しては $\operatorname{Log} z$ を (8.4) により定義する．

その他の例を一つ示しておく．

例 8.7

$f(z) = 1 - z^2$ は単連結領域 $\Omega = \{z \in \boldsymbol{C} : z \notin (-\infty, -1] \cup [1, +\infty)\}$ 上で正則である．$f(z)$ の Ω における対数関数の一つの分枝を $\log(1 - z^2)$ とする．このとき

$$\log(1 - z^2) = \log_{\boldsymbol{R}} |1 - z^2| + i \operatorname{Im} \log(1 - z^2)$$

である．ただしここで，$\operatorname{Im}\log(1 - z^2)$ は Ω 上で連続かつ $\operatorname{Im}\log(1 - z^2) \in \arg(1 - z^2)$ である．特に $x \in (-1, 1)$ のときに，$\operatorname{Im}\log(1 - x^2) = 0$ となるように分枝を選ぶと，$x \in (-1, 1)$ ならば

$$\log(1 - x^2) = \log_{\boldsymbol{R}}(1 - x^2)$$

である．

問題 8.1 例 8.7 で定めた分枝 $\log(1 - z^2)$ に対して，$z = i$ における値を求めよ．

問題 8.2 $z \in \boldsymbol{C} \smallsetminus (-\infty, 0]$ とし，$C : z(t), t \in [a, b]$ を，$z(a) = 1$，$z(b) = z$ であるような $\boldsymbol{C} \smallsetminus (-\infty, 0]$ 内の区分的に C^1 級のジョルダン曲線とする．このとき，次式が成り立つことを示せ．

$$\operatorname{Log} z = \int_C \frac{1}{\zeta} d\zeta.$$

問題 8.3 $\operatorname{Log} z$ の $z = 1$ におけるべき級数展開が

$$\operatorname{Log} z = \sum_{n=1}^{\infty} \frac{(-1)^{n+1}}{n} (z - 1)^n \quad (z \in D(1, 1))$$

であることを示せ．

140 第 8 章 正則関数の原始関数

8.4 正則関数の複素べき

Ω を $\boldsymbol{C}$ 内の単連結領域で，$f(z)$ を Ω 上に零点をもたない正則関数とする．このとき，定理 8.4 より $f(z)$ の対数関数の分枝 $\log f(z)$ をとることができる．α を 0 でない複素数とすると，

$$e^{\alpha \log f(z)}$$

は Ω 上の正則関数であり，これを（$\log f(z)$ により定義される）f の α 乗の分枝といい，$f(z)^{\alpha}$ で表わす．$F(z), G(z)$ をそれぞれ f の α 乗の分枝とすると，$\log f(z)$ の分枝は $2\pi i k \ (k \in \boldsymbol{Z})$ の違いしかないので，

$$\frac{F(z)}{G(z)} = e^{2\pi k \alpha i}$$

をみたしている．つまり $e^{2\pi k \alpha i}$ 倍の違いで $f(z)^{\alpha}$ の分枝は複数存在し得る．ただし，$\alpha = n \in \boldsymbol{Z}$ の場合は，$F(z) = G(z)$ となり，$F(z)$ は通常の $f(z)^n$ と一致する．

分枝 $\log f(z)$ を一つとり固定する．これにより定義される分枝 $f(z)^{\alpha}, f(z)^{\beta}, f(z)^{\alpha+\beta}$ は

$$f(z)^{\alpha} f(z)^{\beta} = e^{\alpha \log f(z)} e^{\beta \log f(z)} = e^{(\alpha+\beta) \log f(z)}$$
$$= f(z)^{\alpha+\beta}$$

をみたしている．

問題 8.4 $f(z) = z$ は $\boldsymbol{C} \smallsetminus (-\infty, 0]$ で正則かつ零点をもたない．$\operatorname{Log} z$ により定義される $z^{1/2}$ の分枝に対して $i^{1/2}$ を求めよ．また，$\log z$ を $x > 0$ に対して，$\log x = \log_{\boldsymbol{R}} x + 2\pi i$ となるような分枝とする．これにより定義される分枝 $z^{1/2}$ に対して $i^{1/2}$ を求めよ．

問題 8.5 $\log(1-z^2)$ を例 8.7 で定めた $\Omega = \{z \in \boldsymbol{C} : z \notin (-\infty, -1]$ $\cup [1, +\infty)\}$ 上の分枝とする．このとき，$(1 - i^2)^{1/2}$ を求めよ．

8.5 原始関数の調和関数への応用

　正則関数と密接に関連する調和関数について述べる．調和関数は一般に $\boldsymbol{R}^n$ の開集合 G 上の関数に対して定義される．

$$\triangle_n = \frac{\partial^2}{\partial x_1^2} + \cdots + \frac{\partial^2}{\partial x_n^2}$$

を $\boldsymbol{R}^n$ 上のラプラシアンという．$u = u(x_1, \ldots, x_n)$ を G 上の C^2 級関数とするとき，u が G 上で調和であるとは G 上で

$$\triangle_n u = 0$$

をみたすことである．調和関数は特に実 2 変数の場合は正則関数との関係が深い．本節では正則関数の原始関数を使って，実 2 変数の調和関数が正則関数とどのようにつながっているかを見る．

　ここでは $\boldsymbol{R}^2$，あるいはそれと同一視した複素平面 $\boldsymbol{C}$ のみを考えるので

$$\triangle = \triangle_2 = \frac{\partial^2}{\partial x^2} + \frac{\partial^2}{\partial y^2}$$

と表わす．(7.3) より，開集合 $\Omega \subset \boldsymbol{C}$ 上の C^2 級関数 f に対して

$$\triangle f = 4 \frac{\partial}{\partial z} \frac{\partial}{\partial \bar{z}} f = 4 \frac{\partial}{\partial \bar{z}} \frac{\partial}{\partial z} f$$

である．

　u, v が Ω 上で調和ならば，$\alpha, \beta \in \boldsymbol{C}$ に対して，

142　第 8 章　正則関数の原始関数

$$\triangle\,(\alpha u + \beta v) = \alpha\triangle u + \beta\triangle v = 0$$

より，$\alpha u + \beta v$ も Ω 上調和であることがわかる．

例 8.8

　f を Ω 上の正則関数とすると，f, $\overline{f}$, $\mathrm{Re}\,f$, $\mathrm{Im}\,f$ はいずれも Ω 上で調和である．

[解説]　f の正則性から

$$4\triangle f = \frac{\partial}{\partial z}\left(\frac{\partial}{\partial \overline{z}}f\right) = 0,$$

$$4\triangle\overline{f} = \frac{\partial}{\partial z}\left(\frac{\partial}{\partial \overline{z}}\overline{f}\right) = \frac{\partial}{\partial \overline{z}}\left(\frac{\partial}{\partial z}\overline{f}\right) = \frac{\partial}{\partial \overline{z}}\overline{\left(\frac{\partial}{\partial \overline{z}}f\right)} = 0.$$

ゆえに f, $\overline{f}$ はともに調和である．したがって $\mathrm{Re}\,f = \dfrac{f + \overline{f}}{2}$，$\mathrm{Im}\,f$ $= \dfrac{f - \overline{f}}{2i}$ も調和である．　　　　　　　□

問題 8.6　f が Ω 上の正則関数で，f が Ω 上に零点をもたないならば，$\log|f(z)|$ は Ω 上の調和関数である．

問題 8.7　$\Omega, \Omega' \subset C$ を開集合とし，φ を Ω 上の正則関数で，$\varphi(\Omega) \subset \Omega'$ とする．f を Ω' 上の調和関数とする．このとき，$f \circ \varphi$ は Ω 上で調和であることを示せ．

　例 8.8 より正則関数の実部は実数値調和関数になっているが，逆に実数値調和関数はある正則関数の実部になっているだろうか？この問題は，次のように言い換えることができる．Ω 上の実数値調和関数 u に対して，Ω 上のある実数値調和関数 v で $u + iv$ が Ω

上で正則になっているようなものが存在するか？　このような v が存在するとき，v を u の**共役調和関数**という．共役調和関数に対して次のことが成り立つ．

命題 8.9

領域 Ω 上の実数値調和関数 u が，Ω 上で共役調和関数をもつならば，共役調和関数は定数の差を除いて一意的である．

[証明]　v, w を u の共役調和関数とする．$f = u + iv$ とし，$g = u + iw$ とする．このとき，$if - ig$ は Ω 上正則であり，かつ $if - ig = w - v$ より実数値をとる．ゆえに問題 7.1 より実定数である．　　　□

　共役調和関数の存在については，次の定理が有用である．

定理 8.10

Ω を $\boldsymbol{C}$ 内の単連結な領域とする．Ω 上の実数値調和関数に対して，その共役調和関数が常に存在する．

[証明]　u を Ω 上の実数値調和関数とする．$g = u_x - iu_y$ とおく．このとき g は Ω 上で正則である．なぜならば

$$\frac{\partial g}{\partial \bar{z}} = \frac{1}{2}\left(\frac{\partial}{\partial x} - \frac{1}{i}\frac{\partial}{\partial y}\right)(u_x - iu_y)$$
$$= \frac{1}{2}(u_{xx} + u_{yy}) = \frac{1}{2}\triangle u = 0$$

となっているからである．定理 8.3 より，Ω 上の正則関数 F で，$F' = g$ なるものが存在する．$U = \mathrm{Re}\, F$, $V = \mathrm{Im}\, F$ とおく．このとき，問題 2.5（証明は解答参照）より

144　第 8 章　正則関数の原始関数

$$u_x - iu_y = g = F' = 2\frac{\partial U}{\partial z} = U_x - iU_y$$

である．ゆえに Ω 上で

$$u_x = U_x, \quad u_y = U_y$$

である．したがって，平均値の定理より $u - U$ は Ω の任意の十分小さな開集合上で実定数となるが，Ω が領域であることより，これらの実定数は同じでなければならず，$u - U$ は Ω 上で実定数でなければならない．その実定数を k とおく．このとき $f = F + k$ は Ω 上正則であり，$\mathrm{Re}\, f = U + k = u$ である．よって $v = \mathrm{Im}\, f$ は u の共役調和関数である． $\square$

　最後に円上の調和関数を調べるのに有効な調和関数のポアソン積分表示について述べる．

　$0 \leq r < R$ と $t \in \boldsymbol{R}$ に対して

$$P_r(t) = \frac{1}{2\pi}\frac{R^2 - r^2}{R^2 - 2Rr\cos t + r^2}$$

を（$D(0, R)$ に対する）ポアソン核という．

定理 8.11　**円上のポアソン積分表示**

　u を $\Delta(0, R)$ 上の実数値連続関数であり，$D(0, R)$ 上では調和であるとする．このとき，$z = re^{i\theta} \in D(0, R)$ に対して

$$u(z) = \int_0^{2\pi} P_r(\theta - t)u(R\,e^{it})dt$$

が成り立つ．

8.5 原始関数の調和関数への応用　145

[証明]　v を u の $D(0, R)$ 上の共役調和関数の一つとする. $f = u + iv$ とおく. $r < \rho < R$ とする. コーシーの積分公式より

$$f(z) = \frac{1}{2\pi i} \int_{C(0,\rho)} \frac{f(\zeta)}{\zeta - z} d\zeta$$

と表される. $z' = \rho^2 r^{-1} e^{i\theta}$ とおく. このとき, $\dfrac{f(\zeta)}{\zeta - z'}$ は ζ に関して, $\Delta(0, \rho)$ を含むある開集合上で正則であるから, コーシーの定理より

$$\frac{1}{2\pi i} \int_{C(0,\rho)} \frac{f(\zeta)}{\zeta - z'} d\zeta = 0$$

である. ゆえに

$$\begin{aligned}
f(z) &= \frac{1}{2\pi i} \int_{C(0,\rho)} \frac{f(\zeta)}{\zeta - z} d\zeta - \frac{1}{2\pi i} \int_{C(0,\rho)} \frac{f(\zeta)}{\zeta - z'} d\zeta \\
&= \frac{1}{2\pi i} \int_{C(0,\rho)} \left(\frac{1}{\zeta - z} - \frac{1}{\zeta - z'} \right) f(\zeta) d\zeta \\
&= \frac{1}{2\pi} \int_0^{2\pi} \frac{\rho^2 - r^2}{\rho^2 - 2\rho r \cos(\theta - t) + r^2} f(\rho e^{it}) dt
\end{aligned}$$

が成り立っている. 両辺の実部を見れば,

$$u(z) = \frac{1}{2\pi} \int_0^{2\pi} \frac{\rho^2 - r^2}{\rho^2 - 2\rho r \cos(\theta - t) + r^2} u(\rho e^{it}) dt$$

である. ここで $\rho \to R$ とすれば, 定理が証明される. □

　このポアソン積分表示を用いて, 調和関数 u からその共役調和関数を求めるための積分変換である共役ポアソン積分が導かれる.

$$Q_r(t) = \frac{1}{\pi} \frac{Rr \sin t}{R^2 - 2Rr \cos t + r^2}$$

とおき, これを共役ポアソン核という. 次の定理が成り立つ.

146　第 8 章　正則関数の原始関数

定理 8.12

　u を $\Delta(0, R)$ 上の実数値連続関数であり，$D(0, R)$ 上では調
和であるとする．このとき，$z = re^{i\theta} \in D(0, R)$ に対して

$$v(z) = \int_0^{2\pi} Q_r(\theta - t) u(R e^{it}) dt$$

とすると，v は u の共役調和関数である．

[証明]　$z = re^{i\theta} \in D(0, R)$ に対して

$$F(z) = \frac{1}{2\pi} \int_0^{2\pi} \frac{R e^{it} + z}{R e^{it} - z} u(R e^{it}) dt$$

とする．このとき，$\dfrac{R e^{it} + z}{R e^{it} - z}$ は z の関数として $D(0, R)$ 上で正則で
あるから，定理 5.2 より F も $D(0, R)$ 上正則である．いま，

$$\frac{R e^{it} + z}{R e^{it} - z} = \frac{R^2 - r^2}{R^2 - 2Rr\cos(\theta - t) + r^2} + i\frac{2Rr\sin(\theta - t)}{R^2 - 2Rr\cos(\theta - t) + r^2}$$

$$= 2\pi P_r(\theta - t) + 2\pi i Q_r(\theta - t)$$

となっている．ゆえに $F(z) = u(z) + iv(z)$ となり，定理が証明され
た．　　　　　　　　　　　　　　　　　　　　　　　　　　　　　□

第 9 章

さらなる学習への
一案内

　本書は正則関数の基本的な事項に焦点を当てて解説した．さらに関数論の深い世界に興味をもたれた読者のために，ガイダンス代わりに数ある重要な定理のうちのいくつかを紹介しておく．

148 第9章 さらなる学習への一案内

9.1 正規族

$\Omega \subset \boldsymbol{C}$ を空でない開集合とする.正則関数を扱うとき,ときどき便利な論法に正規族の論法（normal family argument）がある.これをまず解説しておこう.

$H(\Omega)$ を Ω 上の正則関数全体からなる集合とする.

定義 9.1

$\mathcal{F} \subset H(\Omega)$ が**正規族**であるとは,$\mathcal{F}$ に属する任意の関数列 $\{f_n\}_{n=1}^{\infty}$ が必ず Ω で広義一様収束する部分列をもつことである.すなわち,ある自然数の列 $n_1 < n_2 < \cdots$ とある $f \in H(\Omega)$ で,$n_j \to \infty$ のとき f_{n_j} が f に Ω 上で広義一様収束するようなものが存在することである.

正規族はかなり強い性質をもつ関数族である.一般の連続関数の族ではアスコリ・アルツェラの定理などが知られているが,正則関数の場合,次のような便利な結果が証明されている.

定理 9.2　モンテルの定理

$\mathcal{F} \subset H(\Omega)$ が Ω に含まれる任意の有界閉集合 K 上で

$$\sup_{f \in \mathcal{F}} \sup_{z \in K} |f(z)| < +\infty$$

をみたすならば $\mathcal{F}$ は正規族である.

たとえば $D(0,1)$ 上の正則関数の解析をする際に,$D(0,1)$ の境界から離れた $D(0,r)$ $(0 < r < 1)$ を考えると問題が解きやすい場合がある.いま,考えている問題の答えとして,$D(0,r)$ 上の正

則関数 $f_r(z)$ が与えられたとする. $M = \sup\limits_{0<r<1} \sup\limits_{z \in D(0,r)} |f_r(z)| < +\infty$ を仮定する. $z \in D(0,1)$ に対して

$$g_r(z) = f_r(rz)$$

と定義すると, g_r は $D(0,1)$ 上の正則関数で, $\sup\limits_{0<r<1} \sup\limits_{z \in D} |g_r(z)| < +\infty$ である. ゆえにモンテル定理より, ある $r_1 < r_2 < \cdots \to 1$ とある $g \in H(D(0,1))$ が存在し, $j \to \infty$ のとき, g_{r_j} は g に $D(0,1)$ 上で広義一様収束している. このように $D(0,1)$ の問題を $D(0,r)$ 上の場合に解いて, その極限が本当の問題の解になっているようなときにモンテルの定理が使える. これは利用例の一つである（たとえば後述のコロナ問題はこの論法を使って解かれている）.

注意 9.3　モンテルの定理の証明は, たとえばスタイン [11] を参照.

9.2　リーマンの写像定理

　第 3 章では, 具体的なある領域からある領域への双正則写像の例をあげた. 一般に二つの領域が与えられたとき, どのような条件があればそれらは双正則になるだろうか？

　この問題に関する非常に重要な結果が次のリーマンの写像定理である.

定理 9.4　**リーマンの写像定理**

　$\Omega \subset \boldsymbol{C}$ を単連結領域で, $\Omega \neq \boldsymbol{C}$ であるとする. このとき, Ω は単位開円板 $D(0,1)$ と双正則である.

このことの直接の帰結として，$\Omega_1 \subsetneq C$，$\Omega_2 \subsetneq C$ であり，かつともに単連結領域ならば Ω_1 と Ω_2 は双正則であることがわかる．

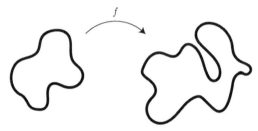

図 9-1 二つの C とは異なる単連結領域の間には双正則写像 f が存在する．すなわちこの二つの領域は正則である．

ところで，第3章であげた単位円板から単位円板への双正則写像は境界まで込めて連続になっている．一般には次のことが知られている．

定理 9.5 **カラテオドリの定理**

$\Omega \subset C$ を一つのジョルダン閉曲線 C で囲まれた単連結領域とする．φ を Ω から $D(0,1)$ への双正則写像とすると，$\Omega \cup C$ から $\Delta(0,1)$ への全単射 $\tilde{\varphi}$ で，$\tilde{\varphi}$ も $\tilde{\varphi}^{-1}$ も連続であり[1]，$\tilde{\varphi}(z) = \varphi(z)$，$z \in \Omega$ をみたすものが存在する．

注意 9.6 リーマンの写像定理の証明はたとえばスタイン [11]，カラテオドリの定理の証明は辻 [15]，野口 [8] を参照．双正則写像（等角写像）は物理，工学への応用が著しく，流体理論の研究への応用は特徴的である．この方面の成書としては今井 [3] がある．

---
1) このような写像を上への同相写像という．

9.3 近似定理

正則関数のべき級数展開 $f(z) = \sum_{n=0}^{\infty} a_n z^n$ は，正則関数 f を多項式 $\sum_{n=0}^{N} a_n z^n$ で近似していると考えることができる．一般に正則関数を z の多項式の列で近似できるような有界閉集合の幾何的な特徴付けがされている．それを紹介しておこう．$K \subset \boldsymbol{C}$ を有界閉集合とする．$z \in K$ が K の内点であるとは，ある $r > 0$ で $D(z,r) \subset K$ となるものが存在することである．K の内点全体の集合を $\mathrm{int}(K)$ で表す．$\mathrm{int}(K) = \varnothing$ の場合もある．

定理 9.7 | **メルゲリアンの多項式近似定理**

$K \subset \boldsymbol{C}$ を有界閉集合とする．次の (1), (2) は同値である．

(1) $\boldsymbol{C} \smallsetminus K$ は連結である．

(2) f を K 上の連続関数で，$\mathrm{int}(K)$ で正則であるとする．このとき，z の多項式の列 $p_1(z), p_2(z), \dots$ で，

$$\lim_{n \to \infty} \sup_{z \in K} |f(z) - p_n(z)| = 0$$

をみたすものが存在する．

注意 9.8 特に $K = [a, b] \subset \boldsymbol{R}$ を考えると，この定理はワイエルシュトラスの多項式近似定理を含んでいることがわかる．メルゲリアンの定理の証明は，竹之内他 [12]，Rudin[10] を参照．

152 第 9 章 さらなる学習への一案内

9.4 補間定理

$D = D(0,1)$ とする．いま，D 内の点 $\{z_n\}_{n=1}^{\infty}$ を固定する．複素数列 $\{c_n\}_{n=1}^{\infty}$ を与える．このとき，

$$f(z_n) = c_n,\ n = 1, 2, \ldots$$

をみたす正則関数 f を見つけるのが補間問題である．

補間問題について次のカールソンの補間定理は非常に深いものの一つである．

定理 9.9 **カールソンの補間定理**

$\{z_n\}_{n=1}^{\infty} \subset D(0,1)$ とする．次の $(1), (2)$ は同値である．

(1) 任意の有界な複素数列 $\{c_n\}_{n=1}^{\infty}$ に対して，D 上の有界正則関数 f で，

$$f(z_n) = c_n,\ n = 1, 2, \ldots$$

をみたすものが必ず存在する．

(2) ある $\delta > 0$ が存在し，任意の $n \in \boldsymbol{N}$ に対して

$$\prod_{k \neq n} \left| \frac{z_n - z_k}{1 - \overline{z_k} z_n} \right| \geq \delta$$

をみたす．

注意 9.10 (1) が成り立つとき，$\{z_n\}_{n=1}^{\infty} \subset D$ を **補間点列** という．この定理の証明を知りたい読者は Koosis[5] で学ぶことができる．

9.5 コロナ定理

日本の数学者である角谷静夫が提案した問題にコロナ問題がある. $D = D(0,1)$ を単位開円板とし, $H^\infty(D)$ により D 上の有界な正則関数全体のなす集合を考える. コロナ問題は次のものである.

【コロナ問題】

$f_1, f_2, \ldots, f_n \in H^\infty(D)$ が, ある $\delta > 0$ に対して

$$|f_1(z)| + \cdots + |f_n(z)| \geq \delta,\ z \in D$$

をみたすとする. このとき, ある $g_1, g_2, \ldots, g_n \in H^\infty(D)$ で,

$$f_1(z)g_1(z) + \cdots + f_n(z)g_n(z) = 1,\ z \in D$$

となるものが存在するか?

L. カールソンによりこの問題は 1962 年に肯定的に解かれた.

注意 9.11 詳細は Koosis [5] を参照.

第 9.2 節～第 9.5 節で紹介した事項が多変数の場合にどうなるかを考える方向も興味深く, さまざまな研究が進んでいる.

付録 A

グリーンの公式について

　グリーンの公式（定理 4.10）については，微分積分の詳しい本やベクトル解析の本に記されている．ただし，証明の煩雑さを避けるために領域の境界に関する条件が仮定されていることが多い．ここでは，正方形など比較的簡単な領域で証明し，次に本書の設定でのグリーンの公式を証明する．

A.1 簡単な領域での証明

まずグリーンの公式を次のような領域で証明しておく．

定義 A.1

(1) $[a,b]$ 上の C^1 級の実数値関数 $y = f(x), y = g(x)$ で，$g(x) < f(x)$ $(a < x < b)$ をみたすものがあり，

$$\Omega = \{z = x + iy : a < x < b,\ g(x) < y < f(x)\}$$

となるとき，Ω を縦線集合という．

(2) $[c,d]$ 上の C^1 級の実数値関数 $x = k(y), x = l(y)$ $(c < u < d)$ で $k(y) < l(y)$ をみたすものがあり，

$$\Omega = \{z = x + iy : c < y < d,\ k(y) < x < l(y)\}$$

となるとき，Ω を横線集合という．

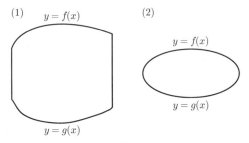

図 A-1　縦線集合の例．

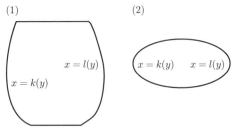

図 A-2　横線集合の例．

たとえば，円や長方形は縦線集合であり，かつ横線集合である．以下，Ω は縦線集合であり，かつ横線集合であるとする．Ω を囲む正に向きづけられた閉曲線を C_0 とする．定義 A.1(1) は，関数 $y = g(x)$ $(x \in [a, b])$ のグラフで表される曲線 Γ_1，関数 $y = f(x)$ $(x \in [a, b])$ で表される曲線 Γ_2，そして，y 軸に平行な線分からなる（この部分はない場合もある）．Γ_1 は，$z(t) = t + ig(t)$ $(t \in [a, b])$ と表わすことができる．すなわち $x(t) = t, y(t) = g(t)$ である．ゆえに

$$\int_{\Gamma_1} P dx = \int_a^b P(z(t)) x'(t) dt = \int_a^b P(x, g(x)) dx$$

である．Γ_2 は，C_0 の向きの付け方から，$w(t) = -t + b + a + if(-t + b + a)$ $(t \in [a, b])$ と表されるから，$x = -t + b + a$ とおけば

$$\int_{\Gamma_2} P(w(t)) dx = -\int_a^b P(-t + b + a, f(-t + b + a)) dt$$
$$= \int_b^a P(x, f(x)) dx = -\int_a^b P(x, f(x)) dx$$

である．y 軸に平行な線分の場合は $\eta(t) = b + it$ または，$a - it$ と表されるから，C を該当の線分とすると

$$\int_C P(\eta(t)) dx = \int_a^b P(\eta(t)) (\operatorname{Re} \eta)'(t) dt = 0$$

である．したがって，

$$\int_{C_0} P dx = \int_{\Gamma_1} P(z(t)) dx + \int_{\Gamma_2} P(w(t)) dx$$
$$= \int_a^b P(x, g(x)) dx - \int_a^b P(x, f(x)) dx.$$

一方，

$$\iint_\Omega \frac{\partial P}{\partial y}dxdy = \int_a^b \left\{ \int_{g(x)}^{f(x)} \frac{\partial P}{\partial y}dy \right\}dx$$

$$= \int_a^b \left\{ P(x,f(x)) - P(x,g(x)) \right\}dx$$

であるから

$$\iint_\Omega \frac{\partial P}{\partial y}dxdy = -\int_{C_0} Pdx.$$

同様の議論で

$$\iint_\Omega \frac{\partial Q}{\partial x}dxdy = \int_c^d \left\{ \int_{k(y)}^{l(y)} \frac{\partial Q}{\partial x}dx \right\}dy$$

$$= \int_c^d \left\{ Q(l(y),y) - Q(k(y),y) \right\}dy.$$

$$\int_{C_0} Qdy = \int_{\{(l(y),y):y\in[c,d]\}} Qdy - \int_{\{(k(y),y):y\in[c,d]\}} Qdy$$

$$= \int_c^d Q(l(y),y)dy - \int_c^d Q(k(y),y)dy.$$

ゆえに

$$\iint_\Omega \frac{\partial Q}{\partial x}dxdy = \int_{C_0} Qdy.$$

である．よって

$$\int_{C_0} Pdx + Qdy = \iint_\Omega \left(\frac{\partial Q}{\partial x} - \frac{\partial P}{\partial y} \right)dxdy$$

が得られる．

A.2 グリーンの公式（定理 4.10）の証明

　以下では，定理 4.10 の設定での証明をする[1]．C を R^2 とみなして議論を進める．$c \in R^2$ と $r > 0$ に対して，$R(c, r)$ を中心 c，一辺の長さ r の正方形で，各辺が座標軸のいずれかに平行であるものとする．

$$R_{j,m,n} = \left[\frac{m}{2^j}, \frac{m+1}{2^j} \right) \times \left[\frac{n}{2^j}, \frac{n+1}{2^j} \right)$$

（ただし，$j, m, n \in Z$）とする．$(m, n) \neq (m', n')$ ならば $R_{j,m,n} \cap R_{j,m',n'} = \varnothing$ であり，$\{R_{j,m,n}\}_{m,n \in Z}$ は R^2 を覆っている．各 j に対して

$$\mathcal{A}_j = \{ R_{j,m,n} : R_{j,m,n} \subset \Omega \},$$
$$\mathcal{B}_j = \{ R_{j,m,n} : R_{j,m,n} \not\subset \Omega,\ R_{j,m,n} \cap \Omega \neq \varnothing \}$$

とおく．明らかに

$$\iint_\Omega \left\{ \frac{\partial Q}{\partial x} - \frac{\partial P}{\partial y} \right\} dxdy$$
$$= \left(\sum_{R \in \mathcal{B}_j} \iint_{R \cap \Omega} + \sum_{R \in \mathcal{A}_j} \iint_R \right) \left\{ \frac{\partial Q}{\partial x} - \frac{\partial P}{\partial y} \right\} dxdy$$

である．一方，線積分についても

$$\int_C (Pdx + Qdy) = \left(\sum_{R \in \mathcal{B}_j} \int_{b(R \cap \Omega)} + \sum_{R \in \mathcal{A}_j} \int_{bR} \right) (Pdx + Qdy)$$

が得られる（図 A–3 参照）．

---

1)　ここでの証明は本質的に竜沢 [14] に拠っている．

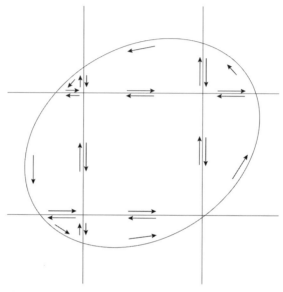

図 A-3　Ω とその分割の例．反対向きの矢印と組になっている線分上では，線積分が相殺され，Ω の境界上での線積分のみが残る．

$R \in \mathcal{A}_j$ は縦線集合かつ横線集合であるから，R 上ではグリーンの公式が成り立っている．ゆえに

$$\sum_{R\in\mathcal{A}_j} \int_{bR} (Pdx+Qdy) = \sum_{R\in\mathcal{A}_j} \iint_R \left\{\frac{\partial Q}{\partial x} - \frac{\partial P}{\partial y}\right\} dxdy$$

である．したがって

$$\sum_{R\in\mathcal{B}_j} \int_{b(R\cap\Omega)} (Pdx+Qdy) \to 0 \ (j\to\infty),$$
$$\sum_{R\in\mathcal{B}_j} \iint_{R\cap\Omega} \left\{\frac{\partial Q}{\partial x} - \frac{\partial P}{\partial y}\right\} dxdy \to 0 \ (j\to\infty)$$

を証明すれば，定理が証明される．任意に $\varepsilon > 0$ をとる．このとき，P,Q の仮定から，十分大きな j をとれば，$R \in \mathcal{B}_j$ に対して P

の $(R \cap \Omega)^a$ 上の最大値と最小値の差,及び Q の同様の差を ε で抑えることができる.$\delta = 2^{-j}$ とおく.j を十分大きくとって $\delta < \varepsilon$ を仮定してよい.$l = l(C)$ とする.C を長さが等しい $\left[\dfrac{l}{\delta}\right] + 1$ 個の部分 $J_1, \ldots, J_{[l/\delta]+1}$ に分ける.必要なら j をさらに大きくとって,各 $R_{j,m,n}$ が高々 2 個の J_k と交わるようにする.J_k の長さを 2 等分する分点を c_k とする.$J_k \subset R(c_k, \delta)$ である.$R(c_k, \delta)$ は $\{R_{j,m,n}\}_{m,n \in \mathbf{Z}}$ に属する高々 4 個の正方形で覆うことができる.したがって,C は $\{R_{j,m,n}\}_{m,n \in \mathbf{Z}}$ に属する高々 $4\left(\left[\dfrac{l}{\delta}\right] + 1\right)$ 個の正方形で覆うことができる.

$\left|\dfrac{\partial P}{\partial y}\right| + \left|\dfrac{\partial Q}{\partial x}\right|$ の Ω^a での最大値を M とおくと,

$$
\begin{aligned}
\left|\sum_{R \in \mathcal{B}_j} \iint_{R \cap \Omega} \left\{\frac{\partial Q}{\partial x} - \frac{\partial P}{\partial y}\right\} dxdy\right| &\le M \sum_{R \in \mathcal{B}_j} \iint_{R \cap \Omega} dxdy \\
&\le 4M\delta^2 \left(\left[\frac{l}{\delta}\right] + 1\right) \\
&\le 4M\delta\,(l + \delta) < 4M\varepsilon\,(l + \varepsilon).
\end{aligned}
$$

$R \in \mathcal{B}_j$ とし,任意に $(x_R, y_R) \in R \cap \Omega$ をとる.$b(R \cap \Omega)$ の C に含まれる弧の長さを l_R とすると

$$
\begin{aligned}
&\left|\int_{b(R \cap \Omega)} (udx - vdy)\right| \\
&= \left|\int_{b(R \cap \Omega)} ((u - u(x_R, y_R))\, dx - (v - v(x_R, y_R))dy)\right| \\
&\le 2\varepsilon\,(4\delta + l_R).
\end{aligned}
$$

ゆえに

$$\left| \sum_{R \in \mathcal{B}_j} \int_{b(R \cap \Omega)} (u dx - v dy) \right| \leq 2\varepsilon \sum_{R \in \mathcal{B}_j} (4\delta + l_R)$$

$$\leq C\varepsilon (l + \delta).$$

（ここで C は ε, l, δ に依存しない正定数）．よって定理が証明された．

付録 **B**

補題7.7の証明

いくつかの準備をする．集合 $E \subset \boldsymbol{C}$ に対して，$z \in \boldsymbol{C}$ と E の距離を

$$d_E(z) = \inf \{|z - a| : a \in E\}$$

により定義する．次のことが成り立つ．

命題 B.1

(1) $d_E(z)$ は $\boldsymbol{C}$ 上の連続関数である．

(2) E が閉集合であるとき，$z \notin E$ ならば $d_E(z) > 0$ である．

[証明] (1) $z, w \in \boldsymbol{C}$ に対して，

$$|d_E(z) - d_E(w)| \leq |z - w| \tag{B.1}$$

を示す．この不等式から (1) は容易に得られる．任意に $a \in E$ をとると，

$$d_E(z) \leq |z - a| \leq |z - w| + |w - a|$$

である．したがって

$$d_E(z) - |z - w| \leq |w - a|$$

であるから，ここで $a \in E$ に関する下限をとると，

$$d_E(z) - |z - w| \leq d_E(w)$$

が得られる．すなわち $d_E(z) - d_E(w) \leq |z - w|$ である．同様にして $d_E(w) - d_E(z) \leq |z - w|$ も証明できるから，(B.1) が成り立つ．

(2) もしも $d_E(z) = 0$ とすると，下限の性質から，任意の正の整数 n に対して $z_n \in E$ で，

$$|z - z_n| < d_E(z) + \frac{1}{n} = \frac{1}{n}$$

なるものが存在する. したがって, $\lim_{n \to \infty} z_n = z$ であり, E が閉集合であることより, $z \in E$ でなければならない. これは $z \notin E$ の仮定に反する. $\qquad\square$

次のことを証明しておく.

補題 B.2

$\Omega \subset \boldsymbol{C}$ を領域とし, $c, c' \in \Omega$, $c \neq c'$ とする. l を始点が c であり, 終点が c' の Ω 内の連続曲線とする. このとき, 十分小さな $\varepsilon > 0$ に対して

$$\bigcup_{z \in l} \Delta(z, \varepsilon) \subset \Omega$$

が成り立つ.

[証明] $E = \boldsymbol{C} \setminus \Omega$ とおく. E は閉集合で $l \cap E = \varnothing$ であるから, $w \in l$ のとき, $d_E(w) > 0$ である. $d_E(z)$ は非負値連続関数で, l は有界閉集合であるから, $d_E(z)$ は l 上のある点 z_0 で最小値をとる. すなわち, 任意の $z \in l$ に対して

$$d_E(z) \geq d_E(z_0) > 0$$

である. $\varepsilon = \dfrac{d_E(z_0)}{2}$ とおく. もし $\bigcup_{z \in l} \Delta(z, \varepsilon) \nsubseteq \Omega$ であるとすると, $w \in \bigcup_{z \in l} \Delta(z, \varepsilon)$ かつ $w \notin \Omega$ なる点 w が存在する. したがって, ある $z \in l$ が存在し, $w \in \Delta(z, \varepsilon)$ である. また $w \in E$ であるから

$$2\varepsilon = d_E(z_0) \leq d_E(z) \leq |z - w| < \varepsilon$$

となり，矛盾が起こる．ゆえに $\bigcup_{z \in l} \Delta(z, \varepsilon) \subset \Omega$ である．　　　　□

[補題 7.7 の証明]　ε を補題 B.2 で得られた正の数とする．l 上の点 c_1 を c_0 から c_1 までの曲線の長さが $\dfrac{\varepsilon}{2}$ となるようにとる．$|c_0 - c_1| < \varepsilon$ であるから，$c_1 \in D(c_0, \varepsilon)$ である．もしも $c' \in D(c_1, \varepsilon)$ ならば $c_2 = c'$ として補題の証明が終わる．そうでない場合は，c_2 を l 上の点で，c の進向方向に c_1 から c_2 までの曲線の長さが $\dfrac{\varepsilon}{2}$ となるようにとる．以下，この議論を繰り返す．仮定より C は区分的に C^1 級であるから $l(C) < +\infty$ である．$l(C) \leq \dfrac{\varepsilon}{2} N$ なる自然数 N が存在するから，有限回の議論で証明が終わる．　　　　□

注意 B.3　$z, w \in \boldsymbol{C}$ $(z \neq w)$ に対して $\{tw + (1-t)z : 0 \leq t \leq 1\}$ を（z と w を結ぶ）線分という．有限個の線分からなる連続曲線を折れ線という．Ω を領域とする．$c, c' \in \Omega, c \neq c'$ とし，l を始点が c で終点が c' の区分的に C^1 級曲線とする．補題 B.2 の記号を用いる．補題 B.2 と l が有界閉集合であることより，ある $\varepsilon > 0$ と l 上の点 $z_0 = c, z_1, \ldots, z_{n-1}, z_n = c'$ で

$$l \subset \bigcup_{j=0}^{n} \Delta(z_j, \varepsilon) \subset \Omega$$

をみたすものが存在する．このことを用いて，c を始点，c' を終点とするような Ω 内の折れ線の存在が示せる．

問題解答

問題 **1.1**：(1) $\dfrac{z_1}{z_2} = \dfrac{z_1 \overline{z_2}}{|z_2|^2} = \dfrac{1}{|z_2|^2}(x_1 + iy_1)(x_2 - iy_2)$

$\qquad\qquad = \dfrac{1}{|z_2|^2}(x_1 x_2 + y_1 y_2 + i(-x_1 y_2 + y_1 x_2))$

$\qquad\qquad = \dfrac{x_1 x_2 + y_1 y_2}{x_2^2 + y_2^2} + i\dfrac{y_1 x_2 - x_1 y_2}{x_2^2 + y_2^2}.$

(2) $\dfrac{1}{z} = \dfrac{\overline{z}}{z\overline{z}} = \dfrac{\overline{z}}{|z|^2} = \overline{z}.$

(3) $z = x + iy$ のとき，$\operatorname{Re} z = x = \operatorname{Re} \overline{z}$ である．ゆえに $\operatorname{Re}(\overline{z}w) = \operatorname{Re}(\overline{\overline{z}w}) = \operatorname{Re}(z\overline{w}).$

問題 **1.2**：加法定理 $\cos(A + B) = \cos A \cos B - \sin A \sin B,\ \sin(A + B) = \sin A \cos B + \sin B \cos A$ を用いる．

(1) $zw = rs(\cos\theta + i\sin\theta)(\cos\varphi + i\sin\varphi)$

$\qquad\quad = rs(\cos\theta\cos\varphi - \sin\theta\sin\varphi + i(\cos\theta\sin\varphi + \sin\theta\cos\varphi))$

$\qquad\quad = rs(\cos(\theta + \varphi) + i\sin(\theta + \varphi)).$

(2) 数学的帰納法を用いる．$n = 1$ のときは明らかに正しい．n のとき正しいとして，

$z^n = z^{n-1}z = r^{n-1}(\cos(n-1)\theta + i\sin(n-1)\theta)r(\cos\theta + i\sin\theta)$

$\quad = r^n(\cos(n-1)\theta\cos\theta - \sin(n-1)\theta\sin\theta$

$\qquad + i(\cos(n-1)\theta\sin\theta + \sin(n-1)\theta\cos\theta))$

$\quad = r^n(\cos n\theta + i\sin n\theta).$

(3) (1.2) より $\dfrac{1}{w} = \dfrac{1}{s}(\cos(-\varphi) + i\sin(-\varphi))$ であるから，本問題 (1) より

$$\frac{z}{w} = \frac{r}{s}(\cos(\theta - \varphi) + i\sin(\theta - \varphi)).$$

ゆえに $\arg \dfrac{z}{w} = \{\theta - \varphi + 2n\pi : n \in \boldsymbol{Z}\} = \arg z - \arg w$.

問題 1.3： $z_1 = r_1\left(\cos\theta_1 + i\sin\theta_1\right)$, $z_2 = r_2\left(\cos\theta_2 + i\sin\theta_2\right)$ と極形式で表わす.

$$z_1 z_2 = r_1 r_2 \left(\cos\left(\theta_1 + \theta_2\right) + i\sin\left(\theta_1 + \theta_2\right)\right)$$

であるから，$|z_1 z_2| = r_1 r_2 = |z_1|\,|z_2|$ である.

$$
\begin{aligned}
|z_1 + z_2|^2 &= (z_1 + z_2)\,\overline{(z_1 + z_2)} = (z_1 + z_2)\left(\overline{z_1} + \overline{z_2}\right) \\
&= z_1\overline{z_1} + z_2\overline{z_2} + z_1\overline{z_2} + \overline{z_1}z_2 \\
&= |z_1|^2 + |z_2|^2 + z_1\overline{z_2} + \overline{z_1}z_2.
\end{aligned}
$$

ここで

$$
\begin{aligned}
z_1\overline{z_2} + \overline{z_1}z_2 &= r_1 r_2 \left(\cos\left(\theta_1 - \theta_2\right) + i\sin\left(\theta_1 - \theta_2\right)\right) \\
&\quad + r_1 r_2 \left(\cos\left(-\theta_1 + \theta_2\right) + i\sin\left(-\theta_1 + \theta_2\right)\right) \\
&= 2r_1 r_2 \cos\left(\theta_1 - \theta_2\right) \le 2r_1 r_2 \le 2\,|z_1|\,|z_2|
\end{aligned}
$$

ゆえに

$$
\begin{aligned}
|z_1 + z_2|^2 &\le |z_1|^2 + |z_2|^2 + 2\,|z_1|\,|z_2| \\
&= (|z_1| + |z_2|)^2
\end{aligned}
$$

である. よって $|z_1 + z_2| \le |z_1| + |z_2|$ が得られる.

$|z_1| = |z_1 - z_2 + z_2| \le |z_1 - z_2| + |z_2|$ より $|z_1| - |z_2| \le |z_1 - z_2|$ である. z_1, z_2 を入れ替えて議論すれば，$|z_2| - |z_1| = |z_2 - z_1| = |z_1 - z_2|$ を得る. これより後半の主張が証明される.

問題 1.4： $\boldsymbol{R}^2$ 上の直線の方程式は $Ax + By + C = 0$（A, B, C は実数，$A^2 + B^2 > 0$）である. $z = x + iy$, $2x = z + \overline{z}$, $2y = i(\overline{z} - z)$ を代入して式を整理すると

$$\frac{A - iB}{2}z + \frac{A + iB}{2}\overline{z} + C = 0$$

が得られる. $\boldsymbol{R}^2$ 上の円の方程式は $A(x^2 + y^2) + 2Bx + 2Cy + D = 0$（$A, B, C, D$ は実数で，$A \ne 0, B^2 + C^2 > AD$）である. $z\overline{z} = x^2 + y^2$ であるから

$$Az\overline{z} + (B - iC)z + (B + iC)\overline{z} + d = 0$$

である.

問題 1.5： $|z - w| = |z - z_n + z_n - w| \le |z - z_n| + |z_n - w| \to 0$ $(n \to \infty)$ であるから，$z = w$ である.

問題 1.6： z を極限とする. ある番号 N で，$N \le n$ ならば $|z_n - z| \le 1$ をみた

す．したがって $N \leq n$ ならば

$$|z_n| = |z_n - z + z| \leq |z_n - z| + |z| = 1 + |z|$$

である．また $|z_1|, \ldots, |z_{N-1}|$ のうち最大の値を K とおく．$M = K + 1 + |z|$ とおけば，任意の n に対して $|z_n| \leq M$ である．

問題 1.7, 問題 1.8：実数列の場合の証明と同様にしてできる．

問題 1.9：$z = x_1 + ix_2 \in Q$ とする．実数 x, y に対して，$\min\{x, y\}$ により，x と y の大きくない方（等しい場合は x）を表わすものとする．$r_j = \min\{|x_j - c_j|, R_j - |x_j - c_j|\}$，$r = \min\{r_1, r_2\}$ とすると，$D(z, r) \subset Q$ である．

問題 1.10：まず E^c が開集合であることを示す．E^c が開集合でないならば，ある $a \in E^c$ が存在し，どのような整数 $n \geq 1$ に対しても $D\left(a, \dfrac{1}{n}\right) \cap E \ni z_n$ なる点が存在する．$z_n \to a$ $(n \to \infty)$ と閉集合の定義から $a \in E$ となり矛盾．ゆえに E^c は開集合である．$\Omega \smallsetminus E = \Omega \cap E^c$ である．任意に $z \in \Omega \cap E^c$ をとると，ある $r_1 > 0$ と $r_2 > 0$ が存在し，$D(z, r_1) \subset \Omega, D(z, r_2) \subset E$ である．$r = \min\{r_1, r_2\}$ とすると $D(z, r) \subset \Omega \cap E^c$．

問題 1.11：1 点からなる集合は明らかに閉集合である．ゆえに問題 1.10 より明らか．

問題 1.12：まず Ω^c が閉集合であることを示す．$z_n \in \Omega^c$ $(n = 1, 2, \ldots)$，$z \in \boldsymbol{C}$ で，$\lim_{n \to \infty} z_n = z$ であるとする．もしも $z \notin \Omega^c$ であるとすると，$z \in \Omega$ である．Ω は開集合であるから，ある $\varepsilon > 0$ を $D(z, \varepsilon) \subset \Omega$ となるようにとれる．しかし，仮定から，ある番号 N で，$N \leq n$ ならば $|z_n - z| < \varepsilon$ をみたすものが存在する．したがって $z_N \in D(z, \varepsilon) \subset \Omega$ である．これは $z_N \in \Omega^c$ に反する．したがって $z \in \Omega^c$ である．これより Ω^c が閉集合であることがわかる．次に $E \smallsetminus \Omega = E \cap \Omega^c$ が閉集合であることを示す．$z_n \in E \cap \Omega^c$ $(n = 1, 2, \ldots)$，$z \in \boldsymbol{C}$ で，$\lim_{n \to \infty} z_n = z$ であるとする．E も Ω^c も閉集合であるから，$z \in E \cap \Omega^c$ である．よって $E \smallsetminus \Omega$ は閉集合である．

問題 1.13：前半の主張は明らか．前半の主張と前問題より後半の主張が示される．

問題 1.14：$R_n = R\left(1 - \dfrac{1}{n+1}\right)$ とする．$E \subset \bigcup_{n=1}^{\infty} D(c, R_n)$ であるから，定理 1.13 より，有限個の $R_{n_1}, \ldots, R_{n_k}$ $(n_1 < \cdots < n_k)$ をとって，$E \subset \bigcup_{j=1}^{k} D(c, R_{n_j}) = D(c, R_{n_k})$ とできる．

（別解）もしもどのような $0 < R' < R$ をとっても $E \not\subseteq \Delta(c, R')$ であるとする．$R_n = R\left(1 - \dfrac{1}{n}\right)$ $(n = 1, 2, \ldots)$ とする．仮定より，ある $z_n \in E$ で，$z_n \notin \Delta(c, R_n)$ なるものが存在する．$|z_n| \leq |z_n - c| + |c| \leq$

$R + C$ より $\{z_n\}_{n=1}^{\infty}$ は有界点列である．定理 1.4 より，ある $z \in \boldsymbol{C}$ と部分列 $\{z_{n_j}\}_{j=1}^{\infty}$ が存在し，$\lim_{j \to \infty} z_{n_j} = z$ が成り立っている．E が閉集合であることより，$z \in E \subset D(c, R)$ である．一方，$j \to \infty$ のとき，

$$|z_{n_j} - c| \to |z - c| \quad \text{かつ} \quad |z_{n_j} - c| \geq R_{n_j} \to R$$

より $|z - c| \geq R$ でなければならない．これは $z \in D(c, R)$ に反する．

問題 2.1：複素微分可能性の定義 (2.5) において，必要なら δ をさらに小さくとって，$\delta < \varepsilon$ としてよい．$0 < |h| < \delta$ ならば，(2.5) より

$$|f(z + h) - f(z)| \leq |f(z + h) - f(z) - hf'(z)| + |hf'(z)|$$
$$< \varepsilon \left(\varepsilon + |f'(z)| \right).$$

問題 2.2：2 項定理から，$\displaystyle \binom{n}{k} = \frac{n!}{k!(n - k)!}$ とすると，

$$(z + h)^n = \sum_{k=0}^{n} \binom{n}{k} z^{n-k} h^k$$

である．ゆえに

$$\frac{f(z + h) - f(z)}{h} = \frac{(z + h)^n - z^n}{h} = \frac{1}{h} \sum_{k=1}^{n} \binom{n}{k} z^{n-k} h^k$$
$$= \sum_{k=1}^{n} \binom{n}{k} z^{n-k} h^{k-1}$$
$$= nz^{n-1} + \binom{n}{2} z^{n-k} h + \cdots + \binom{n}{n} z^{n-k} h^{n-1}$$
$$\to nz^{n-1} \ (|h| \to 0).$$

問題 2.3：$\displaystyle \frac{\partial}{\partial z} |z|^2 = \frac{1}{2} \left(\frac{\partial}{\partial x} + \frac{1}{i} \frac{\partial}{\partial y} \right) (x^2 + y^2) = \frac{1}{2} \left(2x + \frac{1}{i} 2y \right)$
$$= x - iy = \overline{z}$$

$$\frac{\partial}{\partial \overline{z}} |z|^2 = \frac{1}{2} \left(\frac{\partial}{\partial x} - \frac{1}{i} \frac{\partial}{\partial y} \right) (x^2 + y^2) = \frac{1}{2} \left(2x - \frac{1}{i} 2y \right)$$
$$= x + iy = z$$

問題 2.4：$u = \operatorname{Re} f, v = \operatorname{Im} f$ とすると，$u(x, y) = x, v(x, y) = y$ である．したがって

$$\frac{\partial u}{\partial x} = 1 = \frac{\partial v}{\partial y}, \ \frac{\partial u}{\partial y} = 0 = -\frac{\partial v}{\partial x}$$

である．また，$u = \operatorname{Re} g, v = \operatorname{Im} g$ とおけば，$u(x, y) = x, v(x, y) = -y$ であるから，

$$\frac{\partial u}{\partial x} = 1 \neq -1 = \frac{\partial v}{\partial y}$$

によりコーシー・リーマンの関係式をみたさない. ゆえに g は複素微分可能ではない.

問題 2.5：コーシー・リーマンの関係式より

$$f' = \frac{\partial f}{\partial z} = \frac{1}{2}\left(\frac{\partial}{\partial x} + \frac{1}{i}\frac{\partial}{\partial y}\right)(u+iv) = \frac{1}{2}\left(\frac{\partial u}{\partial x} - i\frac{\partial u}{\partial y} + \frac{1}{i}\frac{\partial u}{\partial y} + \frac{\partial u}{\partial x}\right)$$

$$= \frac{\partial u}{\partial x} + \frac{1}{i}\frac{\partial u}{\partial y} = 2\frac{\partial u}{\partial z}.$$

$$f' = \frac{1}{2}\left(\frac{\partial v}{\partial y} + i\frac{\partial v}{\partial x} - \frac{1}{i}\frac{\partial v}{\partial x} + \frac{\partial v}{\partial y}\right) = \frac{1}{2}i\left(\frac{1}{i}\frac{\partial v}{\partial y} + \frac{\partial v}{\partial x} + \frac{\partial v}{\partial x} + \frac{1}{i}\frac{\partial v}{\partial y}\right)$$

$$= i\frac{\partial v}{\partial x} + \frac{\partial v}{\partial y} = 2i\frac{\partial v}{\partial z}.$$

後半の主張は上の計算から示せる.

問題 2.6：(1) $z = x + iy, w = a + ib$ とおく. 定義より

$$\exp(z)\exp(w) = e^x(\cos y + i\sin y)e^a(\cos b + i\sin b)$$

$$= e^{x+a}(\cos y + i\sin y)(\cos b + i\sin b)$$

$$= e^{x+a}(\cos b\cos y - \sin b\sin y$$

$$+ i(\cos b\sin y + \cos y\sin b))$$

$$= e^{x+a}(\cos(y+b) + \sin(y+b))$$

$$= \exp(x + a + i(y+b))$$

$$= \exp(z+w).$$

(2) 上記の (1) より $\exp(z)\exp(-z) = \exp(0) = 1$ であるから, (2) が成り立つ.

(3) $\dfrac{\partial}{\partial z}\exp(z) = \dfrac{1}{2}\left(\dfrac{\partial}{\partial x} + \dfrac{1}{i}\dfrac{\partial}{\partial y}\right)e^x(\cos y + i\sin y)$

$$= \frac{1}{2}\left(e^x(\cos y + i\sin y) + \frac{1}{i}e^x(-\sin y + i\cos y)\right)$$

$$= \frac{1}{2}e^x(\cos y + i\sin y + i\sin y + \cos y) = \exp(z).$$

問題 3.1：明らかに平行移動と相似変換により円は円, 直線は直線に写る. 円と直線の方程式を複素数で表したものについては問題 1.4 参照. $z = \dfrac{1}{w}$ とすると, $\alpha z\bar{z} + \bar{\beta}z + \beta z + \gamma = 0$ は

$$\alpha + \bar{\beta}\bar{w} + \beta w + \gamma w\bar{w} = 0$$

に変換されるが, これも円を表わす方程式である. 原点を通らない直線は,

$\overline{\beta}z + \beta\overline{z} + \gamma = 0$ $(\gamma \neq 0)$ であるから，$\overline{\beta}\overline{w} + \beta w + \gamma w\overline{w} = 0$ となり，これは円の方程式である．

問題 3.2：次の計算から容易に示せる．

$$\varphi_a \circ \varphi_b(z) = \frac{\left(\dfrac{z-b}{1-\overline{b}z}\right) - a}{1 - \overline{a}\left(\dfrac{z-b}{1-\overline{b}z}\right)} = \frac{1+a\overline{b}}{1+\overline{a}b} \frac{z - \dfrac{a+b}{1+a\overline{b}}}{1 - \left(\dfrac{\overline{a}+\overline{b}}{1+b\overline{a}}\right)z}$$

問題 3.3：$f(x+iy) = \dfrac{1}{2b} \dfrac{a}{x^2+y^2} (x^3 + xy^2 + b^2x + iy(x^2+y^2-b^2))$ より，

$\operatorname{Im} f(z) = \dfrac{a}{2b} \dfrac{|z|^2-b^2}{|z|^2} \operatorname{Im} z.$ これより明らかである．

問題 4.1：$z_n \in C$ で，$z_n \to z$ とする．$z_n = z(t_n)$ なる $t_n \in [\alpha, \beta]$ が存在する．$[\alpha, \beta]$ は有界閉集合であるから，実数列に対するボルツァーノ・ワイエルシュトラスの定理から，ある部分列が存在し，$t_{n_j} \to t_0 \in [\alpha, \beta]$ となる．連続性から，$z_{n_j} = z(t_{n_j}) \to z(t_0)$ である．一方，仮定より $z_{n_j} \to z$ でもあるから $z = z(t_0) \in C$ である．有界閉集合上の連続関数 $\operatorname{Re} z(t), \operatorname{Im} z(t)$ は有界であるから C は有界である．

問題 4.2：$z(t) = x(t) + iy(t), f = u + iv$ として

$$\begin{aligned}
w'(t) &= \frac{d}{dt}u(x(t), y(t)) + i\frac{d}{dt}v(x(t), y(t)) \\
&= \frac{\partial u}{\partial x}x'(t) + \frac{\partial u}{\partial y}y'(t) + i\frac{\partial v}{\partial x}x'(t) + i\frac{\partial v}{\partial y}y'(t) \\
&= \left(\frac{\partial u}{\partial x} + i\frac{\partial v}{\partial x}\right)x'(t) + i\left(\frac{1}{i}\frac{\partial u}{\partial y} + \frac{\partial v}{\partial y}\right)y'(t)
\end{aligned}$$

である．ここでコーシー・リーマンの関係式から

$$\begin{aligned}
w'(t) &= \left(\frac{\partial v}{\partial y} + i\frac{\partial v}{\partial x}\right)x'(t) + i\left(-\frac{1}{i}\frac{\partial v}{\partial x} + \frac{\partial v}{\partial y}\right)y'(t) \\
&= \left(\frac{\partial v}{\partial y} + i\frac{\partial v}{\partial x}\right)x'(t) + i\left(\frac{\partial v}{\partial y} + i\frac{\partial v}{\partial x}\right)y'(t) \\
&= i\left(\frac{1}{i}\frac{\partial v}{\partial y} + \frac{\partial v}{\partial x}\right)z'(t) = 2i\frac{\partial v}{\partial z}z'(t) \\
&= f'(z(t))z'(t)
\end{aligned}$$

である（最後の等式は問題 2.5 による）．

問題 4.3：$C_1 = \{z(t) : t \in [a, b]\}$ する．f による C の像を $\Gamma_1 = \{w(t) : t \in [a, b]\}$ とする．すなわち，$w(t) = f(z(t))$ である．このとき，$w(t)$ の t での接ベクトルは $w'(t) = f'(z(t))z'(t)$ である（問題 4.2）．$f'(z(t)) \neq 0, z'(t) \neq 0$ より，

$$\arg w'(t) = \arg f'(z(t)) + \arg z'(t)$$

となっている．いま，$C_2 = \{Z(t) : t \in [a, b]\}$ とする．$z = z(\alpha) = Z(\beta)$ $(\alpha, \beta \in (a, b))$ とする．C_1 と C_2 の z での接ベクトルのなす角度を $\theta_1 \in [0, 2\pi)$ とする．C_2 の f による像を Γ_2 とする．$W(t) = f(Z(t))$ とおく．このとき，$w(\alpha) = W(\beta) = f(z)$ であり，その交点での接ベクトルの角度を $\theta_2 \in [0, 2\pi)$ とする．上の議論と同様にして

$$\arg W'(t) = \arg f'(Z(t)) + \arg Z'(t)$$

である．また $f'(z(\alpha)) = f'(z) = f'(Z(\beta))$ である．ゆえに

$$\theta_2 \in \arg \frac{w'(\alpha)}{W'(\beta)} = \arg f'(z(\alpha)) + \arg z'(\alpha) - \arg f'(Z(\beta)) - \arg Z'(\beta)$$

$$= \arg \frac{z'(\alpha)}{Z'(\beta)} \ni \theta_1$$

である．このことから，$\theta_1 = \theta_2$ が示せる．

問題 4.4：(1) 例 4.1 より，$C(c, r)$ は，$z(t) = c + r(\cos t + i \sin t)$ $(t \in [0, 2\pi])$ と表せる．$z'(t) = r(-\sin t + i \cos t)$ である．ゆえに

$$\int_{C(c,r)} \frac{1}{z - c} dz = \int_{C(c,r)} \frac{\overline{z - c}}{(z - c)\overline{(z - c)}} dz = \int_{C(c,r)} \frac{\overline{z - c}}{|z - c|^2} dz$$

$$= \frac{1}{r^2} \int_{C(c,r)} (\overline{z - c}) \, dz$$

$$= \frac{1}{r^2} \int_0^{2\pi} r(\cos t - i \sin t) r(-\sin t + i \cos t) dt$$

$$= \int_0^{2\pi} i(\sin^2 t + \cos^2 t) dt = i \int_0^{2\pi} dt = 2\pi i.$$

$C = C(0, 1)$ 上では $|z| = 1$ であるから，

$$\int_C |z| \, dz = \int_C dz = \int_0^{2\pi} z'(t) dt = -\int_0^{2\pi} \sin t dt + i \int_0^{2\pi} \cos t dt = 0.$$

問題 4.5：$n = 1, 2, \ldots$ に対して $\dfrac{\partial}{\partial \bar{z}}(z - c)^n = n(z - c)^{n-1} \dfrac{\partial z}{\partial \bar{z}} = 0$ であるから正則であり，コーシーの定理より

$$\int_{C(c,r)} (z - c)^n dz = 0.$$

$\dfrac{1}{(z - c)^n}$ は $D(c, r)$ で正則ではないのでコーシーの定理は使えない．$z(t) = c + r(\cos t + i \sin t)$ であるから，$n = 2, 3, \ldots$ の場合

$$\int_{C(c,r)} \frac{1}{(z-c)^n} dz = \int_0^{2\pi} \frac{1}{(z(t)-c)^n} z'(t) dt$$

$$= \int_0^{2\pi} \frac{1}{r^n(\cos t + i \sin t)^n} r(-\sin t + i \cos t) dt$$

$$= \int_0^{2\pi} \frac{(\cos t - i \sin t)^n}{r^n(\cos^2 t + \sin^2 t)^n} ir(\cos t + i \sin t) dt$$

$$= \frac{i}{r^{n-1}} \int_0^{2\pi} (\cos t - i \sin t)^{n-1} dt$$

$$= \frac{i}{r^{n-1}} \int_0^{2\pi} (\cos(n-1)t - i \sin(n-1)t) dt = 0.$$

$n = 1$ の場合は問題 4.4(1) と同じ.

問題 6.1：定理 6.11 より, $f(z) = (z-c)F_1(z)$ $(z \in \Omega)$ をみたす Ω 上の正則関数 $F_1(z)$ が存在する. $f'(z) = F_1(z) + (z-c)F_1'(z)$ より $0 = f'(c) = F_1(c)$ である. ゆえに F_1 に対して定理 6.11 を用いれば $F_1(z) = (z-c)F_2(z)$ $(z \in \Omega)$ をみたす Ω 上の正則関数 F_2 が存在する. したがって $f(z) = (z-c)^2 F_2(z)$ である. 以下, この議論を繰り返せばよい.

問題 7.1：$D(a,r) \subset U$ とする. $u = \mathrm{Re}\, f, v = \mathrm{Im}\, f$ とする. $D(a,r)$ 上で, $v = 0$ であるから, コーシー・リーマンの関係式より $\frac{\partial u}{\partial x} = \frac{\partial u}{\partial y} = 0$ である. ゆえに平均値の定理 (定理 2.9) より $f (= u)$ は $D(a,r)$ 上ではある一定の実定数 c の値をとる. 定数関数 c は明らかに Ω 上正則である. ゆえに一致の定理から Ω 上 $f = c$ である.

問題 8.1：$z = i \in \Omega$ での $\log(1-z^2)$ を計算してみよう. まず, $\arg(1-i^2) = \arg 2 = \{2k\pi : k \in \mathbf{Z}\}$ である. いま, $z(t) = it$ $(t \in [0,1])$ なる 0 と i を結ぶ連続曲線を考える. $\varphi(t) = \mathrm{Im}\log(1 - z(t)^2)$ は連続関数であり, $\varphi(0) = 0$ である.

$$\varphi(t) \in \arg(1-(it)^2) = \arg(1+t^2) = \{2k\pi : k \in \mathbf{Z}\}$$

であるが, $\varphi(0) = 0$ と $\varphi(t)$ の連続性より $\varphi(t) = 0$ $(t \in [0,1])$ でなければならない. ゆえに $\mathrm{Im}\log(1-i^2) = 0$ である. ゆえに

$$\log(1-i^2) = \log_{\mathbf{R}}|1-i^2| = \log_{\mathbf{R}} 2.$$

問題 8.2：$\mathbf{C} \setminus (-\infty, 0]$ は単連結領域であるから, 定理 8.4 の証明より $f(z) = \int_C \frac{1}{z} dz$ は $\mathbf{C} \setminus (-\infty, 0]$ 上の正則関数を定義する. $z = |z|e^{i\theta}$ $(-\pi < \theta < \pi)$ とする. C として, 1 から実軸上を $|z|$ まで結び, 次に $|z|$ から z まで半径 $|z|$ の (最短の) 円弧で結ぶ曲線を考える. このとき

$$f(z) = \int_1^{|z|} \frac{1}{x} dx + \int_0^\theta \frac{1}{|z|\,e^{it}} i\,|z|\,e^{it} dt = \log|z| + i\theta = \operatorname{Log} z.$$

問題 8.3：n を非負の整数とする．$(1-z)^n$ の原始関数の一つが $\dfrac{-1}{n+1}(1-z)^{n+1}$ であることに注意する．問題 8.2 より

$$\operatorname{Log} z = \int_C \frac{1}{\zeta} d\zeta = \int_C \frac{1}{1-(1-\zeta)} d\zeta = \sum_{n=0}^\infty \int_C (1-\zeta)^n d\zeta$$

$$= -\sum_{n=0}^\infty \frac{(1-z)^{n+1}}{n+1} = \sum_{n=1}^\infty \frac{(-1)^{n+1}}{n}(z-1)^n.$$

問題 8.4：$\operatorname{Log} z$ により定義される $z^{1/2}$ の分枝は，$z^{1/2} = e^{(1/2)\operatorname{Log} z}$ である．この分枝では

$$i^{1/2} = e^{(1/2)i(\pi/2)} = e^{i\pi/4} = \frac{1}{\sqrt{2}} + \frac{1}{\sqrt{2}}i.$$

また，$\log z$ を $x > 0$ に対して，$\log x = \log_R x + 2\pi i$ となるような分枝とする．これにより定義される $z^{1/2}$ の分枝では

$$i^{1/2} = e^{(1/2)i((\pi/2)+2\pi)} = e^{i\pi/4}e^{i\pi} = -\left(\frac{1}{\sqrt{2}} + \frac{1}{\sqrt{2}}i\right).$$

問題 8.5：この分枝では，$\log(1-x^2)$ が $(-1,1)$ で $\log_R(1-x^2)$ と一致する．これに対して，$(1-z^2)^{1/2} = e^{(1/2)\log(1-z^2)}$．この分枝については，$x \in (-1,1)$ に対しては，$(1-x^2)^{1/2} = e^{(1/2)\log(1-x^2)} = \sqrt{1-x^2}$ である．

$$\left(1-i^2\right)^{1/2} = e^{(1/2)\log(1-i^2)} = e^{(1/2)\log_R 2} = \sqrt{2}.$$

問題 8.6：$f = u + iv$ とすると，

$$\frac{\partial}{\partial x}\log|f| = \frac{1}{2}\frac{\partial}{\partial x}\log(u^2+v^2) = \frac{u\,u_x + vv_x}{u^2+v^2},$$

$$\frac{\partial^2}{\partial x^2}\log|f| = \frac{2(u\,u_x + vv_x)^2 - (u^2+v^2)(u_x^2 + u\,u_{xx} + v_x^2 + vv_{xx})}{(u^2+v^2)^2},$$

$$\frac{\partial^2}{\partial y^2}\log|f| = \frac{2(u\,u_y + vv_y)^2 - (u^2+v^2)(u_y^2 + u\,u_{yy} + v_y^2 + vv_{yy})}{(u^2+v^2)^2}.$$

このこととコーシー・リーマンの関係式より $\Delta\log|f| = 0$ が得られる．

文献案内

　本書では正則関数の基礎的な部分を解説した．正則関数について
より詳しく知りたい読者のために参考書をあげておく．これらは本
書を執筆する際にも参考にさせていただいたものである．

　古典的な関数論全般にわたる参考書として，たとえば
Hörmander[2]，笠原 [6]，スタイン-シャカルチ [11]，田村 [13]，
竜沢 [14]，辻 [15] などがある．本書ではコーシーの定理，コーシー
の積分公式を導くルートとしてグリーンの公式を経由したが，グ
リーンの公式をベースにした本としては，Hörmander [2]，笠原 [6]
がある．これに対してグリーンの公式を頼らず，self-contained に
コーシーの定理を証明するルートもある．複素解析の教程として
は，むしろこちらの方がスタンダードであろう．またこの方向で，
さらに回転数，ホモトピーなども考慮に入れ，積分路の滑らかさも
仮定しないなどの一般化もある．それらは野口 [8] で学ぶことがで
きる．複素数と複素平面については，幾何的な視点から解説したも
のに本シリーズの桑田・前原 [7] がある．

　Hörmander[2] は多変数複素解析の本であるが，その背景として
の 1 変数複素解析の簡潔にして要を得た解説も付されている．多
変数複素解析の入門的な部分であれば，本シリーズの若林 [17] で
学ぶことができる．

1 変数複素解析に関する演習問題を解く練習は問題集を使って行うと良い．問題集としては辻他 [15] が出色で，数多くの問題が集められている．内容的には練習用のものから，定理として知られているものなども含まれている．

複素解析において重要な役割を果たす関数としては，正則関数のほかに有理型関数がある．有理型関数については本シリーズの『有理型関数』（[1]）で解説されている．このほか等角写像については今井 [3] が流体力学への応用にも詳しい．リーマン面についてはたとえば及川 [9] などで学ぶことができる．

関連図書

[1] 新井仁之，『有理型関数』数学のかんどころ 37 巻，共立出版，2018.

[2] L. Hörmander, An Introduction to Complex Analysis of Several Variables, 2nd. ed., North-Holland, 1973.

[3] 今井功，『等角写像とその応用』，岩波書店，1979.

[4] 入江昭二・垣田高夫・杉山昌平・宮寺功，『微分積分　上・下』，内田老鶴圃，1975.

[5] P. Koosis, Introduction to H_p Spaces, 2nd ed., Cambridge Univ. Press, 1998.

[6] 笠原乾吉，『複素解析—1 変数解析関数』，実教出版，1978.（ちくま学芸文庫，2016）

[7] 桑田孝泰・前原濶，『複素数と複素数平面—幾何への応用』数学のかんどころ 33 巻，共立出版，2017.

[8] 野口潤次郎，『複素解析概論』，裳華房，1993.

[9] 及川廣太郎，『リーマン面』，共立出版，1987.

[10] W. Rudin, Real and Complex Analysis, 3rd. ed., McGraw Hill, 1987.

[11] E. M. Stein and R. Shakarchi, Complex Analysis, Princeton Univ. Press, 2003.（訳書）スタイン–シャカルチ（新井仁之・杉本充・髙木

啓行・千原浩之訳），『複素解析』，日本評論社，2009.

[12] 竹之内脩・阪井章・貴志一男・神保敏弥，『関数環』，培風館，1977.

[13] 田村二郎，『解析関数（新版)』，裳華房，1983.

[14] 竜沢周雄，『関数論』共立全書233，共立出版，1980.

[15] 辻正次，『複素函数論』，槇書店，1968.

[16] 辻正次・小松勇作・田村二郎・小沢満・祐乗坊瑞満・水本久夫，『大学演習 函数論』，裳華房，1959.

[17] 若林功，『多変数関数論』数学のかんどころ21巻，共立出版，2013.

索　引

■ あ

1 次分数変換　47, 50
一様収束　88
一致の定理　119
円周　20
オイラーの公式　103

■ か

カールソンの補間定理　152
開円板　16
開集合　16
ガウス平面　5
各点収束　88
カラテオドリの定理　150
完備性　9, 12
軌跡　60
逆写像　48
逆向きの連続曲線　64
境界　74, 127
共役調和関数　143
共役ポアソン核　145
極形式　6
曲線の長さ　70
虚軸　5
虚数単位　2
虚部　2
区分的に C^1 級　62

■ （右段）

グリーンの公式　76
グリーンの公式（複素形）　77
原始関数　130
広義一様収束　89
コーシーの積分公式　78
コーシーの定理　78
コーシーの評価式　108
コーシー・リーマンの関係式　38
コーシー列　11
弧長による積分　70
コロナ問題　153
コンパクト集合　21

■ さ

最大値の原理　125
三角不等式　8
C^1 曲線　61
実軸　5
実部　2
ジューコフスキー変換　56
集積点　127
収束　9
収束列　10
主値　7
主分枝　136
ジョルダン閉曲線　72

整関数　28
正規族　148
正則関数　28
正則関数の複素べき　140
正に向きづけられている　74
積分路　67
絶対収束　14, 97
絶対値　2
接ベクトル　61
全射　48
全単射　48
像　24
双正則　48
双正則写像　48

■た _____
代数学の基本定理　117
対数関数　136
単位開円板　16
単位閉円板　18
単射　48
単純閉曲線　72
単連結　130
値域　24
定義域　24
等角性　65

■は _____
ハイネ・ボレルの被覆定理　21
複素関数　24
複素共役　3
複素指数関数　42
複素積分　67
複素微分可能　28
複素平面　5
部分和　97
分枝　135

分枝の切り込み線　136
閉円板　18
平均値の定理　33
閉集合　18
閉包　127
べき級数　97
べき級数展開　107
偏角　6
ポアソン核　144
補間点列　152
ボルツァーノ・ワイエルシュトラ
　　スの定理　13

■ま _____
路　60
路の接続　63
モンテルの定理　148

■や _____
有界閉集合　20
有界領域　65
有界列　12
有限個の区分的に C^1 級のジョル
　　ダン閉曲線で囲まれる有界領
　　域　73

■ら _____
ラプラシアン　124, 141
リーマンの写像定理　149
リュービルの定理　116
領域　65
零点　119
連結　65
連続関数　25
連続曲線　60

■ わ

ワイエルシュトラスの M 判定法
99

ワイエルシュトラスの二重級数定
理 93

memo

memo

memo

memo

〈著者紹介〉

新井　仁之（あらい　ひとし）

略　　歴
1959 年生.
早稲田大学教育学部卒業，同大学大学院理工学研究科修士課程修了. 東北大学理学部助手・講師・助教授，
東北大学大学院理学研究科教授，東京大学大学院数理科学研究科教授を経て，
早稲田大学 教育・総合科学学術院教授.
専門は解析学，応用解析学，数理視覚科学.

数学のかんどころ **36**	著　者　新井仁之　© 2018
正則関数	発行者　南條光章
（*Holomorphic Functions*）	発行所　**共立出版株式会社**
	〒112-0006
2018 年 12 月 15 日　初版 1 刷発行	東京都文京区小日向 4-6-19
	電話番号　03-3947-2511（代表）
	振替口座　00110-2-57035
	共立出版（株）ホームページ
	www.kyoritsu-pub.co.jp
	印　刷　大日本法令印刷
	製　本　協栄製本
検印廃止	一般社団法人
NDC 413.52	自然科学書協会
	会員
ISBN 978-4-320-11077-9	Printed in Japan

JCOPY ＜出版者著作権管理機構委託出版物＞
本書の無断複製は著作権法上での例外を除き禁じられています. 複製される場合は，そのつど事前に，
出版者著作権管理機構（ＴＥＬ：03-3513-6969，ＦＡＸ：03-3513-6979，e-mail：info@jcopy.or.jp）の
許諾を得てください.

数学の かんどころ

編集委員会：飯高　茂・中村　滋・岡部恒治・桑田孝泰

ここがわかれば数学はこわくない！ 数学理解の要点（極意）ともいえる "かんどころ" を懇切丁寧にレクチャー。ワンテーマ完結＆コンパクト＆リーズナブル主義の現代的な数学ガイドシリーズ。

① 内積・外積・空間図形を通して
ベクトルを深く理解しよう
飯高　茂著・・・・・・・・・・120頁・本体1,500円

② 理系のための行列・行列式
めざせ！ 理論と計算の完全マスター
福間慶明著・・・・・・・・・・208頁・本体1,700円

③ 知っておきたい幾何の定理
前原　潤・桑田孝泰著・・176頁・本体1,500円

④ 大学数学の基礎
酒井文雄著・・・・・・・・・・148頁・本体1,500円

⑤ あみだくじの数学
小林雅人著・・・・・・・・・・136頁・本体1,500円

⑥ ピタゴラスの三角形とその数理
細矢治夫著・・・・・・・・・・198頁・本体1,700円

⑦ 円錐曲線 歴史とその数理
中村　滋著・・・・・・・・・・158頁・本体1,500円

⑧ ひまわりの螺旋
来嶋大二著・・・・・・・・・・154頁・本体1,500円

⑨ 不等式
大関清太著・・・・・・・・・・196頁・本体1,700円

⑩ 常微分方程式
内藤敏機著・・・・・・・・・・264頁・本体1,900円

⑪ 統計的推測
松井　敬著・・・・・・・・・・218頁・本体1,700円

⑫ 平面代数曲線
酒井文雄著・・・・・・・・・・216頁・本体1,700円

⑬ ラプラス変換
國分雅敏著・・・・・・・・・・200頁・本体1,700円

⑭ ガロア理論
木村俊一著・・・・・・・・・・214頁・本体1,700円

⑮ 素数と2次体の整数論
青木　昇著・・・・・・・・・・250頁・本体1,900円

⑯ 群論，これはおもしろい トランプで学ぶ群
飯高　茂著・・・・・・・・・・172頁・本体1,500円

⑰ 環論，これはおもしろい
素因数分解と循環小数への応用
飯高　茂著・・・・・・・・・・190頁・本体1,500円

⑱ 体論，これはおもしろい 方程式と体の理論
飯高　茂著・・・・・・・・・・152頁・本体1,500円

⑲ 射影幾何学の考え方
西山　享著・・・・・・・・・・240頁・本体1,900円

⑳ 絵ときトポロジー 曲面のかたち
前原　潤・桑田孝泰著・・128頁・本体1,500円

㉑ 多変数関数論
若林　功著・・・・・・・・・・184頁・本体1,900円

㉒ 円周率 歴史と数理
中村　滋著・・・・・・・・・・240頁・本体1,700円

㉓ 連立方程式から学ぶ行列・行列式
意味と計算の完全理解　岡部恒治・長谷川愛美・村田敏紀著・・232頁・本体1,900円

㉔ わかる！使える！楽しめる！ベクトル空間
福間慶明著・・・・・・・・・・198頁・本体1,900円

㉕ 早わかりベクトル解析
3つの定理が織りなす華麗な世界
澤野嘉宏著・・・・・・・・・・208頁・本体1,700円

㉖ 確率微分方程式入門
数理ファイナンスへの応用
石村直之著・・・・・・・・・・168頁・本体1,900円

㉗ コンパスと定規の幾何学 作図のたのしみ
瀬山士郎著・・・・・・・・・・168頁・本体1,700円

㉘ 整数と平面格子の数学
桑田孝泰・前原　潤著・・140頁・本体1,700円

㉙ 早わかりルベーグ積分
澤野嘉宏著・・・・・・・・・・216頁・本体1,900円

㉚ ウォーミングアップ微分幾何
國分雅敏著・・・・・・・・・・168頁・本体1,900円

㉛ 情報理論のための数理論理学
板井昌典著・・・・・・・・・・214頁・本体1,900円

㉜ 可換環論の勘どころ
後藤四郎著・・・・・・・・・・238頁・本体1,900円

㉝ 複素数と複素数平面へ 幾何への応用
桑田孝泰・前原　潤著・・148頁・本体1,700円

㉞ グラフ理論とフレームワークの幾何
前原　潤・桑田孝泰著・・150頁・本体1,700円

㉟ 圏論入門
前原和壽著・・・・・・・・・・224頁・本体1,900円

㊱ 正則関数
新井仁之著・・・・・・・・・・200頁・本体1,900円

㊲ 有理型関数
新井仁之著・・・・・・・・・・2018年12月発売予定

【各巻：A5判・並製・税別本体価格】
（価格は変更される場合がございます）

https://www.kyoritsu-pub.co.jp

共立出版

公式Facebook
https://www.facebook.com/kyoritsu.pub